大数据创新
人才培养系列

数据采集与预处理

微课版

安俊秀 徐传运 戴宇睿 等◎编著

人民邮电出版社
北京

图书在版编目（CIP）数据

数据采集与预处理：微课版 / 安俊秀等编著. --
北京：人民邮电出版社，2024.5
（大数据创新人才培养系列）
ISBN 978-7-115-58990-3

Ⅰ. ①数… Ⅱ. ①安… Ⅲ. ①数据采集②数据处理
Ⅳ. ①TP274

中国版本图书馆CIP数据核字（2022）第049842号

内 容 提 要

本书详细介绍大数据领域数据采集与预处理的相关理论和技术，全面讲解数据采集与预处理的流程及其在多个领域的应用。本书共 8 章，包括数据采集与预处理概述、数据采集与存储、数据采集进阶、数据清洗、数据规整与分组聚合、豆瓣电影排行榜数据抓取与预处理、使用 Scrapy 框架与 Selenium 采集股市每日点评数据并可视化、房产数据预处理。

本书可作为高等院校大数据、人工智能、计算机等专业的教材，也可供相关从业人员参考。

◆ 编　著　安俊秀　徐传运　戴宇睿　等
　　责任编辑　孙　澍
　　责任印制　王　郁　陈　犇
◆ 人民邮电出版社出版发行　　北京市丰台区成寿寺路 11 号
　　邮编　100164　电子邮件　315@ptpress.com.cn
　　网址　https://www.ptpress.com.cn
　　三河市祥达印刷包装有限公司印刷
◆ 开本：787×1092　1/16
　　印张：11.5　　　　　　　　　　　　2024 年 5 月第 1 版
　　字数：282 千字　　　　　　　　　2024 年 8 月河北第 2 次印刷

定价：49.80 元
读者服务热线：(010)81055256　印装质量热线：(010)81055316
反盗版热线：(010)81055315
广告经营许可证：京东市监广登字 20170147 号

本书编委会

主　任　安俊秀

副主任　徐传运　戴宇睿

委　员　陈金鹏　陈宏松　邓鹏飞　税佳艺

　　　　蒋思畅　李硕阳　谢雨江　岳　希

前 言

随着网络信息的快速增长和互联网技术的发展,人们对信息获取的需求日益增加。大数据包括无法在一定时间内用常规软件工具进行捕捉、管理和处理的数据集合,这部分数据往往是需要经过新处理模式进行处理才能具有更强的决策力、洞察发现力和流程优化能力的海量、高增长率和多样化的信息资产。这类复杂的数据需通过数据采集技术进行收集。数据采集作为数据分析全生命周期的重要一环,是需要首先了解并掌握的技术。大数据需要经过处理才能成为有用的数据。现实中的大数据大体上都是不完整、不一致的"脏"数据,无法直接进行数据挖掘,或挖掘结果不尽如人意。为了提高数据挖掘的质量,产生了数据预处理技术,包括数据清理、数据集成、数据变换、数据归约等。在进行数据挖掘之前使用这些数据预处理技术,能够大大提高数据挖掘的质量,减少实际挖掘所需要的时间。在数据处理方面,Python 是数据科学家比较喜欢的编程语言之一。这是因为 Python 本身就是一门工程性语言,数据科学家用 Python 实现的算法可以直接用在产品中,这有助于大数据初创公司节省成本。

本书将 Python 与大数据的处理和分析进行整合。首先介绍数据的采集,使读者能够从不同的领域采集到想要的数据。然后讲解数据清洗,使读者能够在拥有一定 Python 基础的情况下把采集到的"脏"数据"洗掉"。在处理数据前,还需要对数据进行规整和聚合,以便于后续的大数据分析。最后通过 3 个使用 Python 对数据进行采集与预处理的案例,使读者对使用 Python 处理大数据有更直观的认识,实现理论与实践的有机结合。

本书非常适合作为高校中 Python、大数据技术相关课程的教材,也适合从事 Python 与大数据技术相关工作的人员使用。在学习本书之前,读者需要具备一定的计算机体系结构和计算机编程语言的基础。

本书共 8 章,第 1 章是数据采集与预处理概述,主要介绍数据采集与预处理的基本概念;第 2 章是数据采集与存储,主要介绍如何采集数据、什么是网络爬虫及如何存储数据;第 3 章是数据采集进阶,主要介绍 AJAX 数据的抓取、使用 Selenium 抓取动态渲染页面、Scrapy 框架;第 4 章是数据清洗,主要介绍数据清洗的概念、缺失值处理、重复值和异常值处理、数据转换;第 5 章是数据规整与分组聚合,主要介绍数据规整的方法以及处理好数据后如何对数据进行分组聚合;第 6 章通过案例"豆瓣电影排行榜数据"介绍数据抓取与预处理;第 7 章通过案例"股评数据"介绍数据采集与可视化;第 8 章通过案例"房产数据"介绍数据预处理。

本书由成都信息工程大学安俊秀教授、重庆师范大学徐传运副教授和成都信息工程大学的学生戴宇睿等编著。第 1 章由邓鹏飞、安俊秀编写,第 2 章由税佳艺、徐传运编写,第 3 章由陈金鹏、李硕阳编写,第 4 章由谢雨江、徐传运编写,第 5 章由陈金鹏、蒋思畅编写,第 6 ~ 8 章由戴宇睿、安俊秀编写。安俊秀、戴宇睿、陈宏松、岳希对本书进行了审校。本书的编写和出版还得到了国家自然科学基金项目（No.71673032）的支持。

尽管在本书的编写过程中，编者力求严谨、准确，但由于技术的发展日新月异，加之编者水平有限，书中难免存在疏漏和不足之处，敬请广大读者批评指正。

安俊秀

2023 年 10 月于成都信息工程大学

目 录

第1章
数据采集与预处理概述

学习目标

- 了解数据采集工具与爬虫原理
- 了解爬虫的分类与实现的核心流程
- 了解数据预处理的目的与意义
- 了解数据预处理技术与工具
- 了解数据采集与预处理的常用库

世界上每时每刻都在产生大量的数据，包括物联网传感器数据、社交网络数据、商品交易数据等。面对海量数据，如何将其收集起来并进行转换、存储及有效的分析成为巨大的挑战。本章介绍数据采集与预处理的技术，使读者明确在数据挖掘过程中如何采集数据，以及如何对数据进行提取、转换、清洗等预处理。

1.1　数据采集简介

数据采集（Data Acquisition，DAQ）又称数据获取，采集的数据涵盖从各种待测设备中获取的传感器数据、社交网络数据、移动互联网数据等结构化、半结构化及非结构化的数据。

随着网络信息的快速增长和互联网技术的发展，人们对信息获取的需求日益增加，这类复杂的数据需通过数据采集技术进行收集。数据采集作为数据分析全生命周期的重要一环，是需要首先了解并掌握的技术。

1.1.1　数据采集工具

任何完备的数据平台，数据采集都是必不可少的一步。在以大数据、云计算、人工智能为核心特征的数字化浪潮席卷全球，产生的数据呈指数级增长的背景下，大数据的"5V"特征使得数据采集面临的挑战愈发突出。"5V"分别为 Volume（大体量）、Velocity（时效性）、Variety（多样性）、Value（高价值）与 Veracity（准确性），如图 1-1 所示。本小节介绍 4 款主流数据采集工具——Flume、Fluentd、Logstash 及 Splunk，重点关注它们的相关特性。

Flume

1. Flume

Flume 是 Apache 旗下一款高可用、高可靠、分布式的用于海量日志的采集、聚合和传输的数据采集工具。Flume 支持在日志系统中定制各类数据发送方，用于收集数据，同时提供数据的简单处理，并支持将数据写到各类数据接收方（也可定制）。简单来说，Flume 是一个实时采集日志的数据采集引擎。Flume 提供从 console（控制台）、RPC（Thrift RPC）、text（文件）、tail（UNIX 中的 tail 命令）、syslog（系统日志）、exec（命令执行）等数据源中收集数据的能力，且支持 TCP 和 UDP 两种模式。

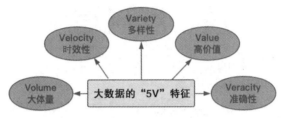

图 1-1　大数据的"5V"特征

网络日志（Web Log）作为数据源，经由 Flume 的管道架构被存储 Hadoop 到分布式文件系统（Hadoop Distributed File System，HDFS）中，过程如图 1-2 所示。Flume 被设计成一个分布式的管道架构，管道架构可以看作数据源和目的地之间的一个由代理（Agent，最小日志采集单元）构成的网络，支持数据路由。

图 1-2　Web Log 经由 Flume 的管道架构被存储到 HDFS 的过程

代理的构成如图 1-3 所示，主要由 Source、Channel 与 Sink 这 3 个组件构成。

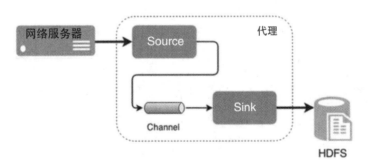

图 1-3　代理的构成

（1）Source 是专用于收集日志的组件，它从数据发生器接收数据，并将接收到的数据以 Flume 的 event 格式传输给一个或者多个 Channel。Flume 提供多种接收数据的方式，如 Thrift、Twitter 等。

（2）Channel 是一种短暂的存储容器，在 Source 和 Sink 间起着桥梁的作用。它将从 Source 处接收到的 event 格式的数据缓存起来，直到它们被 Sink 消费掉。Channel 是一个完整的事务，这一点保证了数据在传送和接收时的一致性。它可以和任意数量的 Source 和 Sink 连接，支持的类型有 JDBC Channel、File System Channel、Memory Channel 等。

（3）Sink 是用于把数据发送到目的地的组件，它将数据存储到集中存储器中，如 HDFS。Sink 从 Channel 接收数据并将其发送到目的地，目的地可能是另一个 Sink，也可能是 HDFS、HBase 等集中存储器。

Flume 的优点如下。

（1）Flume 可以将应用产生的数据存储到集中存储器中，如 HDFS、HBase 等。

（2）当收集数据的速度超过写入数据的速度，即收集的数据达到峰值时，Flume 会在数据生产者和数据存储器间做出调整，保证数据能够在两者之间平稳传输。

（3）Flume 提供上下文路由特征。

（4）Flume 的管道架构基于事务创建，能够保证数据在传输和接收时的一致性。

（5）Flume 可靠、容错性高、可升级、易管理，并且可定制。

（6）除了日志信息，Flume 也可以用来收集规模宏大的社交网络或电商网站节点的事件数据，如 Facebook、亚马逊。

2. Fluentd

Fluentd 是一个免费且开源的日志收集器，用于数据的收集和使用，以便更好地使用和理解数据。Fluentd 是云原生计算基金会（Cloud Native Computing Foundation，CNCF）的项目之一，它的所有组件均可在 Apache 2 许可下获得，且具备高可靠性和高扩展性。Fluentd 的部署与 Flume 类似，其构成如图 1-4 所示，Input、Buffer、Output 类似于 Flume 的 Source、Channel、Sink。

（1）Input：输入，负责接收数据或主动抓取数据，支持 syslog、http、file tail 等。

（2）Engine：引擎，负责处理输入的数据，生成输出数据。

（3）Buffer：缓冲区，负责保证数据获取的性能和可靠性，有文件或内存等不同类型的 Buffer 可以配置。

（4）Output：输出，负责将数据发送到目的地，如文件、AWS S3 或者其他 Fluentd。

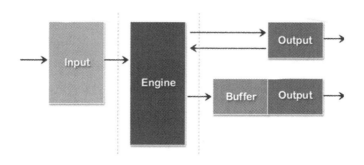

图 1-4　Fluentd 的构成

Fluentd 的优点如下。

（1）JSON 统一记录。Fluentd 尽可能地将 HTTP 请求解析为 JSON 格式，如图 1-5 所示，这允许 Fluentd 统一处理日志数据的所有方面：跨多个源和目标（统一日志记录层）收集、过滤、缓冲、输出日志。使用 JSON 进行下游数据的处理要容易得多，因为它具有足够的结构可访问空间，同时保留了灵活的模式。这使得 Fluentd 善于解决数据流流向混乱的问题：通过在两者之间提供统一的日志记录层，从后端系统中分离数据源。

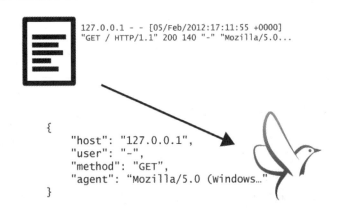

图 1-5　Fluentd 将 HTTP 请求解析为 JSON 格式

（2）可插拔架构。Fluentd 具有灵活的插件系统，允许社区扩展其功能。同时，它的可插拔架构支持不同种类和格式的数据源和数据的输出。利用插件可以更好地发挥日志的作用。

（3）少量系统资源。Fluentd 是用 C 语言和 Ruby 语言结合编写的，并且只需要很少的系统资源。原始实例仅需要 30～40MB 的内存即可运行，并且每秒可以处理 13000 个事件。

（4）内置可靠性。Fluentd 支持基于内存和文件的缓冲功能，以防止丢失节点间的数据。Fluentd 还支持强大的故障转移功能，可以设置为高可用性。

3．Logstash

Logstash 诞生于 2009 年 8 月 2 日，其作者是运维工程师乔丹·西塞（Jordan Sissel），在 2013 年被 Elasticsearch 公司收购。Logstash 是一个免费且开源的数据收集引擎，具备实时管道处理能力。它能够从多个来源采集数据、转换数据，然后将数据发送到选择的目的地。简单来说，Logstash 就是一个具备实时数据传输能力的管道，负责将数据信息从管道的输入端传输到管道的输出端。与此同时，这个管道还可以让用户根据自己的需求在中间加上滤网，Logstash 提供了很多功能强大的滤网以适应各种应用场景。

Logstash 通常用作日志采集设备，如在著名的数据栈 ELK（Elasticsearch +Beats+Logstash + Kibana）中作为日志收集器。ELK 的组成如图 1-6 所示。Elasticsearch 是搜索和分析引擎；Logstash 作为服务器数据处理管道，同时从多个源中提取数据并转换数据，然后将其发送到类似 Elasticsearch 的"存储"中；Beats 是一些轻量级的数据摄入器的组合，用于将数据发送到 Elasticsearch 或发向 Logstash 做进一步的处理，最后导入 Elasticsearch；Kibana 允许用户在 Elasticsearch 中使用图表将数据可视化。Logstash 是数据源与数据存储分析工具之间的桥梁，结合 Elasticsearch 和 Kibana，可极大地方便数据的处理与分析。

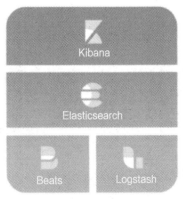

图 1-6　ELK 的组成

Logstash 的数据处理过程主要包括 Inputs、Filters、Outputs 这 3 个部分（Inputs 和 Outputs 是必选项，Filters（过滤器）是可选项），如图 1-7 所示。此外，在 Inputs 和 Outputs 中可以使用 Codecs（编解码器）对数据格式进行处理。Inputs、Filters、Outputs、Codecs 均以插件的形式存在，用户可通过定义 pipeline 配置文件，设置需要使用的 Inputs、Filters、Outputs、Codecs，以实现特定的数据采集、数据处理、数据输出等功能。

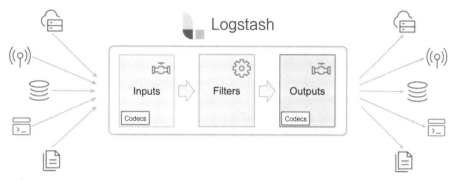

图 1-7　Logstash 的数据处理过程

此外，数据往往以各种各样的形式，或分散或集中地存在于各种系统中。Logstash 支持各种输入选择，可以同时从众多常用来源中捕捉事件，如图 1-8 所示。Logstash 能够以连续的流式传输方式，轻松地从日志、指标、Web 应用、数据存储及各 AWS 服务中采集数据。

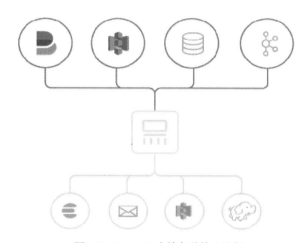

图 1-8　Logstash 支持各种输入选择

数据从来源传输到存储库的过程中，Logstash 过滤器能够解析各个事件，识别已命名的字段以构建结构，并将它们转换成通用格式，以便更好地进行分析，实现商业价值。Logstash 能够动态地解析和转换数据，不受格式或复杂度的影响，如图 1-9 所示。

（1）利用 GROK 从非结构化数据中派生出结构。

（2）从 IP 地址中破译出地理坐标。

（3）将 PII 数据匿名化，完全排除敏感字段。

（4）简化整体处理，不受数据源、格式或架构的影响。

Logstash 提供众多输出选择，可以将数据发送到指定的地方，并且能够灵活地解锁众多下游用例。Elasticsearch 是首选的输出方向，能够为搜索和分析带来无限可能，但它并非唯一的选择。Logstash 可以将数据发送到用户指定的地方，包括 syslog（系统日志）和 statsd（一种监控数据后端存储开发的前端网络应用）等，如图 1-10 所示。

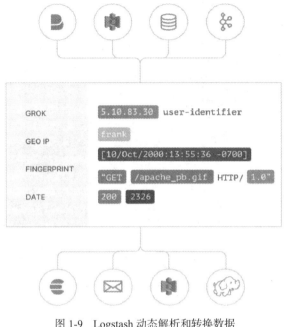

图 1-9　Logstash 动态解析和转换数据

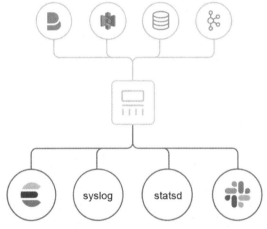

图 1-10　Outputs 选择存储库并导出数据

Logstash 的优点如下。

（1）可扩展。Logstash 采用可插拔框架，通过 200 多个插件，可以接收各种各样的数据，包括日志数据、网络请求数据、关系数据库数据、传感器数据和物联网数据等。

（2）具有较高的可靠性与安全性。Logstash 构建了可信的交付管道，如果节点发生故障，Logstash 则会通过持久化队列来保证至少将运行中的事件送达一次。那些未被正常处理的消息会被送往死信队列（Dead Letter Queue）以便做进一步的处理。由于具备这种吸收吞吐量的能力，因此无须采用额外的队列层，Logstash 就能平稳度过高峰期。

（3）可监视。Logstash 管道用途很广，因此充分了解管道的性能、可用性和瓶颈非常重要。借助监测和管道查看器功能，可以轻松观察和研究处于活动状态的 Logstash 节点。

表 1-1 所示为以上 3 种数据采集工具属性的对比。

表 1-1　　　　　　　　　　　　　3 种数据采集工具属性的对比

属性	Flume	Fluentd	Logstash
内存占用	大	小	大
性能	高	高	高
语言	Java	C 语言和 Ruby	JRuby
框架规模	重量级	轻量级	重量级
插件支持	多	多	较多
扩展性	一般	一般	社区活跃度高
集群	分布式	单节点	单节点

表 1-1 的对比以及前文中描述的各个工具的特点反映出不同工具有着不同的优势和劣势，可以总结为以下几个方面。

（1）在数据传输方面，Flume 更注重数据的传输，而其在数据预处理方面不如 Logstash。在数据传输过程中，Flume 比 Logstash 更可靠，因为数据会持久化存储在 Channel 中，数据只有存储在 Sink 中时才会从 Channel 中删除，这个过程保证了数据的可靠性。

（2）在数据预处理方面，Logstash 属于 ELK 组件，一般同 ELK 的其他组件配合使用，所以其更注重数据的预处理。

（3）在插件和可扩展性方面，Logstash 有比 Flume 更丰富的插件可选，所以其在扩展功能上比 Flume 全面。而且与 Fluentd 相比，Logstash 也更加优秀，Fluentd 插件质量不够好，第三方插件大多是使用者根据自己业务需要编写的，只为实现特定需求，不够泛化，也没有进行足够的测试和性能评估。

（4）在性能和内存占用方面，Fluentd 虽然具有高性能，可能比 Logstash 要好很多，但在实际使用中，解析、转换、入库过程的性能并不理想。此外，因为 Ruby 会消耗过多计算和存储资源且难以受益于多核，所以 Fluentd 对数据吞吐量大的业务来说是不适合的。

下面介绍的 Splunk 更加偏向于大数据搜索和机器数据分析平台，其拥有一套完整的体系架构，主要对应 Elasticsearch，而非前面介绍的 3 种单纯的数据采集工具。此外，Splunk 还提供了强大的 API 集，开发人员可以使用 Python、Java、JavaScript、Ruby、PHP、C#等编程语言开发应用程序。Splunk 更像一个平台而非工具，所以不列入以上对比。

4．Splunk

Splunk 作为一个不开源的商业化大数据平台，是一个功能完备的企业级产品。其提供完整的数据采集、数据存储、数据分析和处理、数据展示功能，包括命令行窗口、Web 图形界面接口和其他接口、权限控制、分布式管理服务、数据索引、网络端口监听、数据警报、文件监听等功能。使用 Splunk 可以迅速收集、分析和实时获取数据，并从中快速找到系统异常问题和调查安全事件；可以监视端对端基础结构，避免服务性能降低或中断，以较低成本满足合规性要求；可以关联并分析跨越多个系统的复杂事件，从而获取多角度、多层面的运营可见性。Splunk 主要包括以下 3个角色。

（1）Search Head。Search Head 为搜索头，其负责数据的搜索和处理，并提供搜索时的信息。Search Head 的作用就是根据用户的查询请求查询各个 Indexer 中的数据，然后融合 Indexer 返回的结果，再统一显示给用户。Search Head 只负责查询，不负责建立索引。

（2）Indexer。Indexer 为索引器，其负责数据的存储和索引。Indexer 负责为数据建立索引，负责响应查找索引数据的用户请求，还负责读取数据和查找管理工作。虽然 Indexer 可以查找它本身的数据，但是在多 Indexer 的集群中，需要通过 Search Head 的组件来整合多个 Indexer，从而对外提供统一的查询管理和服务。

（3）Forwarder。Forwarder 为转发器，其负责数据的收集、清洗、变形，并将数据发送给 Indexer。Forwarder 的作用是把不同机器上的数据，如 log（日志文件），转发给 Indexer。Forwarder 可以运行在不同的操作系统上。

Splunk 提供了 3 种 Forwarder，分别是 Universal Forwarder、Heavy Forwarder 和 Light Forwarder。Universal Forwarder 相比其他两种最大的优点是，它能够极大地减少对主机硬件资源的占用。但是，它也有一定的局限，如不支持查询功能和建立数据索引。

Splunk 支持 syslog、TCP/UDP、Spooling，同时，用户可以通过开发 Inputs 和 Modular Inputs 的方式来获取特定的数据。在 Splunk 提供的软件仓库里有很多成熟的数据采集应用，如 AWS、DBConnect 等，可以方便地从云或者数据库中获取数据，然后进入 Splunk 的数据平台做分析。

值得注意的是，Search Head 和 Indexer 都支持 Cluster，具有高可用、高扩展的特征，但是 Splunk 现在还没有针对 Forwarder 中的 Cluster 的功能。也就是说，如果有一台 Forwarder 机器出现故障，数据收集会随之中断，并不能把正在运行的数据采集任务 Failover（故障转移）到其他的 Forwarder 上。

1.1.2　爬虫的原理与分类

网络爬虫是按照一定的规则，自动地抓取网络信息的程序或脚本。网络爬虫按照系统结构和实现技术，可以分为 4 种类型：通用网络爬虫（General Purpose Web Crawler）、聚焦网络爬虫（Focused Web Crawler）、增量式网络爬虫（Incremental Web Crawler）、深层网络爬虫（Deep Web Crawler）。实际的网络爬虫系统通常是由几种爬虫结合实现的。

1. 通用网络爬虫

通用网络爬虫的抓取对象从一些种子 URL 延展至整个 Web，主要为门户网站搜索引擎和大型 Web 服务提供商采集数据，有较高的应用价值。这类网络爬虫抓取的范围广、数量大，因此对抓取速度和存储空间要求较高，而对抓取页面的顺序要求相对较低。同时，由于待刷新的页面过多，因此通常采用并行工作方式，但需要较长时间才能刷新一次页面。通用网络爬虫的结构大致可以分为页面抓取模块、页面分析模块、链接过滤模块、页面数据库、URL 队列、初始 URL 集合几个部分。通用网络爬虫的实现原理及过程如图 1-11 所示。

（1）获取初始 URL。初始 URL 可以由用户自己指定，也可以由用户指定的某个或某几个初始抓取的网页决定。

（2）抓取页面并获得新 URL。获得初始 URL 之后，需要先抓取对应的网页，然后将网页存储到原始数据库中。在抓取网页的同时，发现新的 URL，同时将已抓取的 URL 存放到一个 URL 列表中，用于去重和判断抓取的进程。

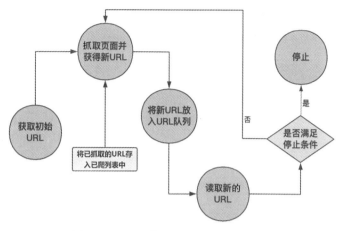

图 1-11　通用网络爬虫的实现原理及过程

（3）将新 URL 放入 URL 队列。获取了新 URL 之后，会将新 URL 放到 URL 队列中。

（4）读取新 URL，并根据新 URL 抓取新网页，同时从新网页中获取新 URL，并重复上述抓取过程。

（5）判断是否满足停止条件。满足爬虫系统设置的停止条件时，停止抓取。在编写爬虫时，一般会设置相应的停止条件。如果没有设置停止条件，爬虫则会一直抓取下去，直到无法获取新 URL 为止。若设置了停止条件，爬虫则会在满足停止条件时停止抓取。

为了提高工作效率，通用网络爬虫会采取一定的抓取策略。常用的抓取策略有深度优先策略、广度优先策略。

（1）深度优先策略：基本方法是按照深度由浅到深，依次访问下一级网页链接，直到不能再深入。爬虫在完成一个抓取分支后返回到上一个链接节点，进一步搜索其他链接。当所有链接遍历完后，抓取任务结束。这种策略比较适合垂直搜索或站内搜索，但在抓取页面内容层次较深的站点时会造成资源的巨大浪费。

（2）广度优先策略：此策略按照网页内容目录层次的深浅来抓取页面。处于较浅目录层次的页面先被抓取，当同一层次中的页面抓取完毕后，爬虫再深入下一层继续进行抓取。这种策略能够有效控制页面的抓取深度，避免在一个无穷深层分支中无法结束抓取，且无须存储大量中间节点。这种策略的不足之处在于需较长时间才能抓取到目录层次较深的页面。

2. 聚焦网络爬虫

聚焦网络爬虫是指选择性地抓取那些与预先定义好的主题相关的页面的网络爬虫。相较通用网络爬虫而言，聚焦网络爬虫只需要抓取与主题相关的页面，极大地节省了硬件和网络资源，保存的页面也因数量少而更新快，还可以很好地满足一些特定人群对特定领域信息的需求。由于聚焦网络爬虫需要有目的地进行抓取，所以相较于通用网络爬虫而言，需要增加目标的定义和过滤机制，具体来说，其实现原理和过程比通用网络爬虫的多 3 步，即对抓取目标的定义和描述、过滤无关链接、确定下一步要抓取的 URL。聚焦网络爬虫实现原理及过程如图 1-12 所示。

（1）对抓取目标的定义和描述。在聚焦网络爬虫中，要先根据抓取需求定义该聚焦网络爬虫的抓取目标，并进行相关的描述。

（2）获取初始 URL。

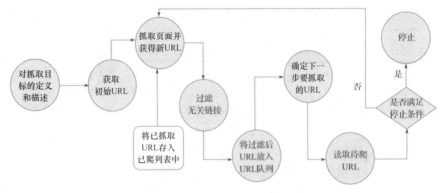

图 1-12 聚焦网络爬虫的实现原理及过程

（3）抓取页面并获得新 URL。根据初始的 URL 抓取页面，并获得新 URL。

（4）过滤无关链接。从新 URL 中过滤与抓取目标无关的链接。因为聚焦网络爬虫对网页的抓取是有目的的，所以与目标无关的网页将会被过滤。同时需要将已抓取的 URL 存放到一个 URL 列表中，用于去重和判断抓取的进程。

（5）将过滤后的 URL 放入 URL 队列。

（6）确定下一步要抓取的 URL。从 URL 队列中，根据搜索算法确定 URL 的优先级，并确定下一步要抓取的 URL。在聚焦网络爬虫中，确定下一步抓取哪些 URL 相对来说是很重要的。对聚焦网络爬虫来说，抓取顺序不同，爬虫的执行效率可能不同，所以需要根据搜索算法来确定下一步需要抓取哪些 URL。

（7）读取待爬 URL。从下一步要抓取的 URL 中读取新 URL，然后根据新 URL 抓取网页，并重复上述抓取过程。

（8）判断是否满足停止条件。满足系统中设置的停止条件时，或无法获取新的 URL 时，将停止抓取。

3. 增量式网络爬虫

增量式网络爬虫是指对已下载的网页采取增量式更新和只抓取新产生的或发生变化的网页的爬虫，它能够在一定程度上保证抓取的页面是新的页面。相较周期性抓取和刷新页面的网络爬虫而言，增量式网络爬虫只会在需要时抓取新产生或发生变化的页面，并不会重新下载没有发生变化的页面，因此可有效减少数据下载量，及时更新已抓取的网页，减少时间和空间上的耗费，但是增加了抓取算法的复杂程度和实现难度。增量式网络爬虫的体系结构包含抓取模块、排序模块、更新模块、本地页面集、待抓取 URL 集及本地页面 URL 集。

增量式网络爬虫有两个目标：保持本地页面集中存储的页面为最新页面和提高本地页面集中存储的页面的质量。为实现第一个目标，增量式网络爬虫需要通过重新访问网页来更新本地页面集中存储的页面内容，常用的方法有 3 个：统一更新法，爬虫以相同的频率访问所有网页，不考虑网页的改变频率；个体更新法，爬虫根据个体网页的改变频率来重新访问各页面；基于分类的更新法，爬虫根据网页的改变频率将其分为更新较快网页子集和更新较慢网页子集两类，然后以不同的频率访问这两类网页。为实现第二个目标，增量式网络爬虫需要根据网页的重要性对网页进行排序，常用的策略有广度优先策略、PageRank 优先策略等。

增量式网络爬虫的流程和各种爬虫的流程基本相同，只不过多了去重的判断，这也是增量式网络爬虫的特点。其多出来的 3 个步骤如下。

（1）在获取 URL 时，发送请求之前判断这个 URL 有没有被抓取过。

（2）在解析 URL 内容后判断这部分内容之前有没有被抓取过。

（3）在将采集到的信息写入存储介质时判断内容是不是已经在介质中存在。

4. 深层网络爬虫

Web 页面按存在方式可以分为表层网页（Surface Web）和深层网页（Deep Web）。表层网页是指传统搜索引擎可以搜索到的页面，即以通过超链接可以到达的静态网页为主的 Web 页面。深层网页是那些大部分内容不能通过静态链接获取的、隐藏在搜索表单后的，用户只有提交一些关键词后才能获得的 Web 页面，如用户注册后内容才可见的网页。深层网页可访问信息容量是表层网页可访问信息容量的几百倍，是互联网上最大、发展最快的新型信息资源。

深层网络爬虫体系结构包含 6 个基本功能模块（抓取控制器、解析器、表单分析器、表单处理器、响应分析器、LVS 控制器）和两个爬虫内部数据结构（URL 列表、LVS 表）。其中 LVS（Label Value Set）表是标签或数值的集合，用来表示填充表单的数据源。

深层网络爬虫抓取过程中重要的部分就是表单填写，包含两种类型：基于领域知识的表单填写，此类型一般会维持一个本体库，通过语义分析来选取合适的关键词填写表单；基于网页结构分析的表单填写，此类型一般没有领域知识或仅有有限的领域知识，将网页表单表示成 DOM 树，从中提取表单各字段值。

1.1.3　网络爬虫实现的核心流程

本小节将介绍网络爬虫实现的核心流程，如图 1-13 所示。网络爬虫实现的核心流程可概括为发起请求、获取响应内容、解析内容、保存数据 4 个主要步骤。前两个步骤为发起请求（Request）和获取服务器的响应（Response），是网络爬虫最核心的部分。

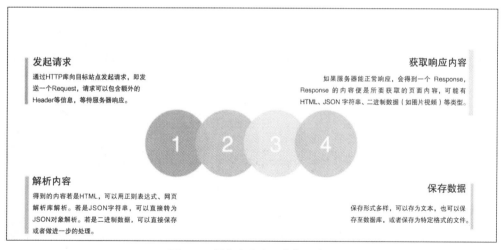

图 1-13　网络爬虫实现的核心流程

1. Request 的组成部分

Request 由客户端向服务器发出，可以分为 4 部分内容：请求方式（Request Method）、请求 URL（Request URL）、请求头（Request Header）、请求体（Request Body），如图 1-14 所示。

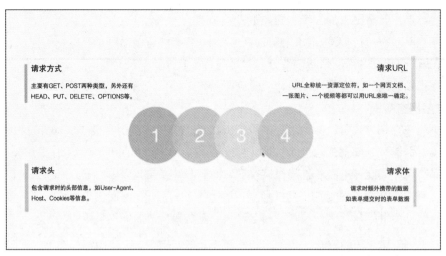

图 1-14　Request 的组成部分

（1）请求方式。

常见的请求方式有两种：GET 和 POST。在浏览器中直接输入 URL 并按 Enter 键，便发起了一个 GET 请求，请求的参数会直接包含到 URL 里。例如，在百度中搜索相应内容，就是一个 GET 请求，URL 中包含了请求的参数信息。POST 请求大多在提交表单时发起。例如，在一个登录表单中输入用户名和密码后，单击"登录"按钮，会发起一个 POST 请求，其数据通常以表单的形式传输，而不会包含在 URL 中。

GET 请求中的参数包含在 URL 里，数据可以在 URL 中看到；而 POST 请求的 URL 不会包含这些数据，数据都是通过表单的形式传输的，包含在请求体中。GET 请求提交的数据最多只有 1024 字节，而 POST 请求提交的数据没有限制。一般来说，需要提交用户名和密码等敏感信息，使用 GET 请求会将敏感信息暴露在 URL 中，所以最好以 POST 请求发送敏感信息。上传文件时，由于文件内容比较多，也会选用 POST 请求。

我们平常使用的请求方式大部分是 GET 和 POST，还有一些其他请求方式，如 HEAD、PUT、DELETE 等，常见请求方式汇总如表 1-2 所示。

表 1-2　　　　　　　　　　　　　　　常见请求方式汇总

方式	描述
GET	请求页面，并返回页面内容
HEAD	类似于 GET 请求，只不过响应中没有具体的内容，用于获取报头
POST	用于提交表单或上传文件，数据包含在请求体中
PUT	用从客户端向服务器传输的数据取代指定文档中的内容
DELETE	请求服务器删除指定的页面
CONNECT	把服务器当作跳板，让服务器代替客户端访问其他网页
OPTIONS	允许客户端查看服务器的性能
TRACE	回显服务器收到的请求，主要用于测试或诊断

（2）请求 URL。

URL（Uniform Resource Locator）即统一资源定位符，用于确定要请求的资源。一个网页文档、一张图片、一个视频等都可以用 URL 来定位。

（3）请求头。

请求头以键值对的形式将请求的一些配置信息告诉服务器，让服务器判断这些配置信息并解析请求头，用来说明服务器要使用的附加信息，比较重要的信息有 Cookie、Referer、User-Agent 等。下面简要介绍一些常用的请求头信息。

① Accept：请求报头域，用于指定客户端可接收哪些类型的信息。

② Accept-Language：指定客户端可接收的语言类型。

③ Accept-Encoding：指定客户端可接收的内容编码。

④ Host：用于指定请求资源的主机 IP 和端口，其内容为请求 URL 的原始服务器或网关的位置。从 HTTP1.1 开始，请求必须包含此内容。

⑤ Cookie：也常用复数形式 Cookies，这是网站为了辨别用户进行会话跟踪而存储在用户本地的数据，它的主要功能是维持当前访问会话。例如，客户端输入用户名和密码成功登录某个网站后，服务器会用会话保存登录信息，当客户端再次刷新或请求该站点的其他页面时，会发现都是登录状态，这就是 Cookie 的功劳。Cookie 里有信息标识了客户端对应的服务器的会话，每次浏览器在请求该站点的页面时，都会在请求头加上 Cookie 并将其返回给服务器，服务器通过 Cookie 识别出客户端，并且查出当前状态是登录状态，所以返回结果就是登录之后才能看到的网页内容。

⑥ Referer：用来标识请求是从哪个页面发过来的，服务器可以拿到这一信息并做相应的处理，如来源统计、防盗链处理等。

⑦ User-Agent：简称 UA，它是一个特殊的字符串头，可以使服务器识别客户端使用的操作系统及版本、浏览器及版本等信息。在进行抓取时加上此信息，可以让服务器将爬虫识别为浏览器，如果不加则很容易被识别出为爬虫。

⑧ Content-Type：也称为互联网媒体类型（Internet Media Type）或者 MIME 类型，在 HTTP 协议消息头中，它用来表示具体请求中的媒体类型信息。例如，text/html 代表 HTML 格式，image/gif 代表 GIF 图片，application/json 代表 JSON 类型。

（4）请求体。

请求体一般承载的内容是 POST 请求中的表单数据，而对于 GET 请求，请求体则为空。

2. Response 的组成部分

Response 由服务器返回给客户端，可以分为 3 个部分：响应状态（Response Status）、响应头（Response Header）、响应体（Response Body），如图 1-15 所示。

（1）响应状态。

响应状态表示服务器对响应的反馈，主要由状态码来标识。例如，200 代表服务器正常响应，404 代表页面未找到，500 代表服务器内部出现错误。在网络爬虫中，我们可以根据状态码来判断服务器的响应状态，如果状态码为 200，则证明数据成功返回，可以进行进一步的处理。

（2）响应头。

响应头包含了服务器对请求的应答信息，下面简要介绍一些常用的响应头。

① Date：标识响应产生的时间。

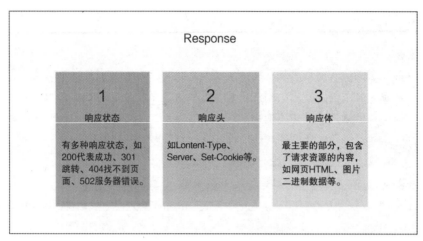

图 1-15　Response 的组成部分

② Last-Modified：指定资源的最后修改时间。

③ Content-Encoding：指定响应内容的编码。

④ Server：包含服务器的信息，如名称、版本号等。

⑤ Content-Type：内容类型，指定返回的数据的类型，例如 text/html 代表返回 HTML 文档、application/x-javascript 代表返回 JavaScript 文件、image/jpeg 代表返回图片。

⑥ Set-Cookie：设置 Cookie，响应头中的 Set-Cookie 告诉浏览器需要将此内容放在 Cookie 中，下次请求会携带 Cookie。

⑦ Expires：指定响应的过期时间，可以使代理服务器或浏览器将加载的内容更新到缓存中，再次访问时就可以直接从缓存中加载，以减小服务器负载，缩短加载时间。

（3）响应体。

Response 中最重要的是响应体的内容，响应的正文数据都在响应体中。例如，请求网页时，它的响应体就是网页的 HTML 代码；请求一张图片时，它的响应体就是图片的二进制数据。在进行抓取时，主要通过响应体得到网页的源代码、JSON 格式数据等，然后从中提取相应的内容。

在掌握爬虫的原理之后，我们需要了解爬虫的作用，以便更好地使用爬虫。互联网的核心价值在于数据的共享与传输，如果把互联网比作一张巨大的蜘蛛网，那计算机中的数据便是蜘蛛网上的猎物，而爬虫就是一只蜘蛛，沿着蜘蛛网抓取自己想要的"猎物"——数据。数据作为互联网最具价值的产物，爬虫在数据分析过程中扮演着重要的角色，例如企业需要数据来分析用户行为，分析自己产品的不足之处，分析竞争对手等。同时，在搜索引擎、数据采集、广告过滤等方面，爬虫也有广泛的应用。

1.1.4　爬虫的应用场景

爬虫通过 URL 来查找目标网页，将用户关注的数据内容直接返回给用户，为用户节省了时间和精力，并提高了数据采集的准确程度。网络爬虫的最终目的就是从网页中获取需要的信息，并最终入库，进行业务的处理。

爬虫的应用十分广泛，常见的爬虫的应用就是以谷歌、百度为代表的搜索引擎。除此之外，部分应用场景如下。

（1）购物网站比价系统。

如今各大电商平台纷纷推出各种秒杀活动并提供各种优惠券，同样一件商品，在不同网购平台，价格可能不同，这就催生出了各种比价网站。这些比价网站如何在很短的时间内知道一件商品在某个网站有优惠呢?这就需要一个爬虫系统来实时监控各个网站的价格浮动,先采集商品的价格、规格、数量等，再做处理、分析、反馈。

（2）舆情分析系统。

舆论的发展是瞬息万变的，可以利用爬虫技术来监测搜索引擎、新闻门户、论坛、博客、微博、微信、报刊的舆情，根据预定的监控关键词，实现全媒体一键搜索，保证信息收集的全面性。同时，为了增加数据的多样性，除了采集文本信息之外，还应对图像、视频等信息进行采集。为保证信息的时效性，应采用全栈式的响应机制，目标网站发布目标信息后，可以在短时间内将目标信息采集到本地数据库内。

（3）资讯推荐系统。

通过爬虫技术抓取新闻源，然后以用户行为属性标签归纳和深度自然语言搜索优化手段将资讯分发给用户，给用户带来不一样的阅读体验。

（4）数据买卖。

利用爬虫技术收集信息，将信息提供给数据分析公司，如天眼查、企查查等。

爬虫的应用已经覆盖到我们生活的方方面面，互联网的各个领域都有爬虫技术的应用，包括个人信息检索系统、文章批量下载、模拟登录系统、抢票软件等。

1.2　数据预处理简介

现实中的数据大体上都是不完整、不一致的"脏"数据，无法直接进行数据挖掘，或挖掘结果不尽如人意。为了提高数据挖掘的质量，产生了数据预处理技术。数据预处理（Data Preprocessing）是指在进行主要的数据分析之前对数据进行的一些处理操作。本节将对数据预处理的目的与意义、技术及工具等进行介绍。

1.2.1　数据预处理的目的与意义

数据挖掘过程一般包括数据采集、数据预处理、数据挖掘及数据评价和呈现。目前，数据挖掘的研究工作大都集中在对挖掘算法、挖掘技术、挖掘语言的探讨，忽视了对数据预处理的研究。事实上，在一个完整的数据挖掘过程中，数据预处理要花费60%左右的时间，而后的挖掘工作仅占工作量的10%左右，数据预处理是数据挖掘过程中工作量最大且必不可少的一环。想要挖掘算法挖掘出有效的结果，就必须为其提供干净、准确、简洁的数据，一些成熟的挖掘算法对其处理的数据集合都有一定的要求，如数据的完整性好、冗余度低、属性的相关度低等，杂乱、重复、不完整的数据会严重影响到挖掘算法的执行效率，甚至会导致挖掘结果出现偏差。

在实际业务的处理中，数据通常是"脏"数据。所谓"脏"，是指数据可能存在以下几种情况。

（1）数据缺失/数据不完整（Incomplete），指属性值为空。

（2）数据噪声（Noisy），指数据值不合常理。

（3）数据不一致（Inconsistent），指数据前后存在矛盾。

（4）数据冗余（Redundant），指数据量或者属性数目超出数据分析的需要。

（5）数据集不均衡（Dataset Imbalance），指各个类别的数据的量相差悬殊。

（6）离群点/异常值（Outliers），指部分数据远离数据中心。

（7）数据重复（Duplicate），指数据在数据中心出现多次。

人为、硬件、软件问题往往都会造成数据存在这些偏差，这些问题包括收集数据时缺乏部分信息，收集数据和分析数据不同阶段的不同考虑因素，数据收集工具的问题，输入数据时的人为计算错误，数据传输过程中产生的错误等。因此，想要完全避免"脏"数据是十分困难的，数据的不正确、不完整和不一致是目前大型数据库和数据仓库的共同特点，这也从侧面表明了数据预处理的重要性。

没有高质量的数据，就没有高质量的挖掘结果，高质量的决策必须依赖高质量的挖掘结果。

1.2.2　数据预处理技术

数据预处理是指对收集的数据进行分类或分组前做的审核、筛选、排序等必要的处理。例如，在对大部分地球物理面积观测数据进行转换或增强处理之前，需要先将不规则分布的测网经过插值转换为规则测网，以利于计算机的运算。数据预处理技术主要包括数据清洗、数据集成、数据变换、数据归约。这些数据预处理技术在进行数据挖掘之前使用，可以大大提高数据挖掘的质量，减少实际挖掘需要的时间。

1. 数据清洗

数据清洗需要去除源数据中的噪声数据和无关数据，处理遗漏数据。下面介绍噪声数据的处理、空缺值的处理和"脏"数据的清洗。

（1）噪声数据的处理。噪声是一个测量变量中的随机错误和偏差，包括错误的值或偏离期望的孤立点值。噪声数据有 3 种处理方法：分箱、回归、聚类。

① 分箱。分箱是指通过考察数据的"近邻"（即周围的值）来平滑有序数据的值，将有序数据的值分布到一些"桶"或"箱"中。由于分箱方法考察的是数据近邻的值，因此进行局部平滑处理。常见的分箱技术包括用箱均值平滑、用箱边界值平滑、用箱中位数平滑。

② 回归。可以用一个函数（如回归函数）拟合数据来平滑数据。线性回归涉及找出拟合两个属性（或变量）的"最佳"线，使得一个属性可以用来预测另一个属性。多元线性回归是线性回归的扩展，涉及的属性多于两个，数据被拟合到一个多维曲面。

③ 聚类。通过聚类检测离群点。

（2）空缺值的处理。目前最常用的处理方法是使用最可能的值填充空缺值，例如，用一个全局常量替换空缺值：使用属性的平均值填充空缺值，将所有元组按照某些属性分类，然后用同一类中属性的平均值填充空缺值等。例如，一个公司职员平均工资为 3000 元，则可以使用该值填充工资中"基本工资"属性的空缺值。

（3）"脏"数据的清洗。异构数据源数据库中的数据并不都是正确的，常常存在不完整、不一致、不精确和重复的情况，这往往使挖掘过程陷入混乱，导致输出不可靠的结果。清洗

"脏"数据可采用专门的程序或概率统计学原理查找数值异常的记录，或者手动对重复记录进行检测和删除。

2. 数据集成

数据集成是指合并多个数据源中的数据，并将数据存放在一个一致的数据存储地点（如数据仓库）。这些数据源可能包括多个数据库、数据立方体或一般文件。数据集成有 3 个主要问题。

（1）实体识别问题。在集成数据时，来自多个数据源的现实世界的实体有时并不一定是匹配的。例如，数据分析者如何才能确信一个数据库中的 student_id 和另一个数据库中的 stu_id 是同一个实体？通常可以根据数据库或者数据仓库中的元数据来避免在模式集成中出现错误。

（2）冗余问题。数据集成往往会导致数据冗余，如同一个属性多次出现，同一个属性的名字不一致等。属性间的冗余可以用相关分析检测到，然后将其删除。有些冗余可以被相关分析检测到，例如通过计算属性 A、B 的相关系数（皮尔逊相关系数）来判断是否冗余；对于离散数据，可通过卡方检验来判断两个属性 A 和 B 之间的联系。

（3）数据值冲突问题。如现实世界的同一个实体的来自不同数据源的属性值不同，这可能是由于比例、编码、数据类型、单位不统一或字段长度不同所造成的。

3. 数据变换

数据变换主要是找到数据的特征，用维变换或转换方法减少有效变量的数目或找到数据的不变式，包括规范化、泛化、平滑等操作，将数据转换或统一成适合于挖掘的形式。具体如下。

（1）平滑：去掉数据的噪声，处理方法包括分箱、回归和聚类。

（2）聚集：对数据进行汇总或聚集，这一步通常用来为多粒度数据分析构造数据立方体。

（3）泛化：使用概念分层，用高层概念替换底层或"原始"数据。

（4）规范化：又称归一化、特征缩放（Feature Scaling），对属性数据按比例进行缩放，使之落入一个小的特定区间，规范化方法有如下几种。

① 最小-最大规范化：$v'=[(v-min)/(max-min)] \times (new\_max-new\_min)+new\_min$。

② Z-score 规范化（零-均值规范化）：$v'=(v-$属性 A 的均值 $E)/$属性 A 的标准差。

③ 小数定标规范化：$v'=v/10$ 的 j 次方，j 是使 $Max(|v'|)<1$ 的最小整数。

（5）属性构造（或特征构造）：可以构造新的属性并将其添加到属性集中，以帮助挖掘顺利进行。

4. 数据归约

数据归约指将数据按语义层次结构合并。语义层次结构定义了元组属性值之间的语义关系，数据归约能大幅减少元组个数，提高计算效率。同时，数据归约过程对知识体系进行全面梳理，使得一个算法能够发现多层次的知识，以适应不同应用的需要。数据归约是将数据库中的海量数据进行归约，归约之后的数据仍接近于保持原数据的完整性，但数据量相对小得多，这样一来挖掘的性能和效率会得到很大的提高。数据归约的策略主要有维归约、数据压缩、数值归约和概念分层。

（1）维归约。维归约通过删除不相关的属性以减少数据量，不仅压缩了数据集，还减少了出现在发现模式上的属性数目。通常采用属性子集选择方法找出最小属性集，使得数据类的概率分布尽可能地接近使用所有属性的原分布。

（2）数据压缩。数据压缩分为无损压缩和有损压缩，比较流行和有效的有损数据压缩方法是小波变换和主要成分分析，小波变换对稀疏或倾斜的数据及具有有序属性的数据有很好的压缩效果。

（3）数值归约。数值归约通过选择替代的、较小的数据表示形式来减少数据量。数值归约技术可以是有参的，也可以是无参的。有参是使用一个模型来评估数据，只需存放参数，而不需要存放实际数据。有参的数值归约技术有两种：回归，包括线性回归和多元回归；对数线性模型，近似离散属性集中的多维概率分布。无参的数值归约技术有 3 种：直方图、聚类、选样。

（4）概念分层。概念分层通过收集并用较高层的概念替换较低层的概念来定义数值属性的离散化。概念分层可以用来归约数据，通过这种处理，尽管细节丢失了，但数据更有意义、更容易理解、所需的空间更少。对于数值属性，数据的可能取值范围的多样性和数据的频繁更新，说明概念分层是困难的。数值属性的概念分层可以根据数据的分布自动地构造，如用分箱、直方图分析、聚类分析、基于熵的离散化和自然划分分段等技术生成数值属性的概念分层。

1.2.3　数据预处理工具

Kettle 作为免费、开源的基于 Java 的企业级 ETL（Extract-Transform-Load，抽取-转换-装载）工具，支持 GUI（Graphical User Interface，图形用户界面），可以以工作流的形式流转，做一些简单或复杂的数据抽取、数据清洗、数据转换、数据过滤等数据预处理方面的工作，功能强大、简单易用。Kettle 的四大核心组件如图 1-16 所示。

图 1-16　Kettle 四大核心组件

（1）Spoon：转换（transform）设计工具（GUI 方式）。

（2）Chef：工作（job）设计工具（GUI 方式）。

（3）Pan：转换（transform）执行器（命令行方式）。

（4）Kitchen：工作（job）执行器（命令行方式）。

上面提到的 job 和 transform 是 Kettle 中的两种脚本文件，transform 完成对数据的基础转换，job 则完成对整个工作流的控制。Kettle 的概念模型如图 1-17 所示，可以看到 Kettle 的执行分为两个层次：Job 和 Transformation。这两个层次最主要的区别在于数据的传输和运行方式。

（1）Transformation：用于定义数据操作、比 Job 粒度更小一级的容器的容器，数据操作即数据从输入到输出的过程。我们将任务分解成 Job，然后将 Job 分解成一个或多个 Transformation，每个 Transformation 只完成一部分工作。

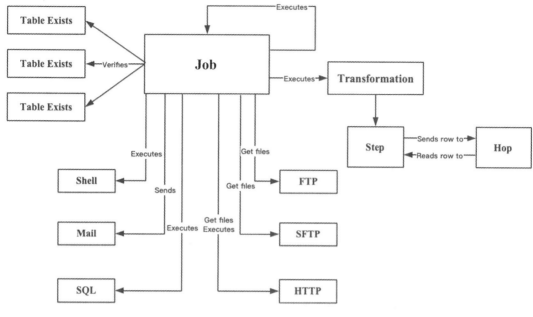

图 1-17　Kettle 的概念模型

（2）Step：Transformation 内部的最小单元，每一个 Step 完成一个特定的任务。

（3）Job：负责将 Transformation 组织在一起，进而完成某一个工作；通常我们需要把一个大的任务分解成几个逻辑上隔离的 Job，当这几个 Job 都完成了，也就说明这项任务完成了。

（4）Job Entry：Job 内部的执行单元，每一个 Job Entry 用于实现特定的功能，如验证表是否存在、发送邮件等；可以通过 Job 来执行另一个 Job 或 Transformation，也就是说 Transformation 和 Job 都可以作为 Job Entry。

（5）Hop：用于在 Transformation 中连接 Step，或者在 Job 中连接 Job Entry，是数据流的图形化表示方式；在 Kettle 中，Job 中的 Job Entry 是串行执行的，故 Job 中必须有一个起始的 Job Entry；Transformation 中的 Step 是并行执行的。

1.3　Python 中关于数据采集与预处理的常用库

Python 作为一门高层次的，结合了解释性、编译性、互动性的面向对象的编程语言，其最大优势之一就是具有脚本语言中最丰富和强大的类库。从简单的字符串处理到复杂的 3D 图形绘制，这些类库覆盖了绝大部分应用场景，使得 Python 具有良好的可扩展性。本节将介绍 Python 中关于数据采集与预处理的常用库。

1.3.1　请求库

请求库用于实现 HTTP 请求操作。

（1）urllib：一系列用于操作 URL 的功能。

（2）requests：基于 urllib 编写的阻塞式 HTTP 请求库。发出一个请求，一直等待服务器响应后，程序才能进行下一步处理。

（3）Selenium：自动化测试工具，一个调用浏览器的 driver，通过这个库可以直接调用浏览器完成某些操作，如输入验证码。

（4）aiohttp：基于 asyncio 实现的 HTTP 框架，异步操作借助于 async/await 关键字，使用异步库进行数据抓取可以大大提高工作效率。

1.3.2　解析库

解析库用于从网页中提取信息。

（1）Beautiful Soup：支持 HTML 和 XML 的解析，从网页中提取信息，同时拥有强大的 API 和多样解析方式。

（2）PyQuery：jQuery 的 Python 实现，能够以 jQuery 的语法来解析 HTML 文档，易用性和解析速度方面的表现都很好。

（3）lxml：支持 HTML 和 XML 的解析，支持 XPath 解析方式，而且解析效率非常高。

（4）Tesserocr：一个 OCR 库，在遇到验证码（以图形验证码为主）时可直接用 OCR 进行识别。

1.3.3　数据存储库

在 Python 中，数据存储库通过代码调用，可以和本地数据库进行存储交互。

（1）PyMySQL：一个纯 Python 实现的 MySQL 客户端操作库。

（2）PyMongo：一个用于直接连接 MongoDB 进行查询操作的库。

（3）RedisDump：一个基于 Ruby 实现的用于 redis 数据导入和导出的工具。

1.3.4　处理库

在 Python 中，处理库根据数据分析的需求，可以对数据进行一系列处理操作，如数组运算处理库以 DataFrame 的形式批量处理数据，或是根据现有数据进行绘图。

（1）NumPy。NumPy（Numerical Python）是 Python 的一个扩展程序库，支持大量的数组与矩阵运算，此外也针对数组运算提供大量的数学函数库。NumPy 作为一个运行速度非常快的数学函数库，包含一个强大的 N 维数组对象 ndarray、广播功能函数、整合 C/C++/Fortran 代码的工具以及线性代数、傅里叶变换、随机数生成等功能。

（2）Matplotlib。Matplotlib 是 Python 的绘图库，它可以与 NumPy 一起使用，也可以和图形工具包一起使用，提供了一种有效的 MatLab 开源替代方案。Matplotlib 是一个 Python 的 2D 绘图库，其以各种硬拷贝格式和跨平台的交互式环境生成出版质量级别的图形，可以在 Python 脚本、Python 和 IPython shell、网络应用服务器和各种图形用户界面工具包中使用。

（3）Pandas。Pandas 是建立在 Numpy 之上用于数据操纵和分析的库。Pandas 允许为行和列设定标签，可以针对时间序列数据计算滚动统计学指标，能处理 NaN 值，能够将不同的数据集合并在一起。

Pandas 为 Python 带来了两种新的数据结构：Pandas Series 和 Pandas DataFrame。借助这两种数据结构，我们能够轻松、直观地处理带标签数据和关系数据。Pandas Series 是像数组一样的一维对象，与 Numpy array 的主要区别之一是可以为 Pandas Series 中的每个元素分配索引标签，另一个区别是 Pandas Series 可以同时存储不同类型的数据。Pandas DataFrame 是有带标签的行和列的二维数据结构，类似于电子表格。

（4）SciPy。SciPy 是基于 NumPy 开发的高级库，实现了许多算法和函数，用于解决科学计算中的一些标准问题，如数值积分和微分方程的求解、扩展的矩阵计算、最优化、概率分布和统计函数、信号处理等。

对于较小规模的爬虫，上述 Python 自带的类库便可满足需求。但当代码量增加、异步处理等问题出现时，常使用 Python 提供的一些爬虫框架。这样不仅便于管理及拓展，而且只需编写少量代码并调用提供的接口即可满足需求。关于 Python 常用的爬虫框架，将在第 3 章详细介绍。

习　　题

（1）大数据的 "5V" 特征是什么？

（2）Flume 中的最小日志采集单元是什么？包括哪些部分？

（3）简述三大数据采集工具 Flume、Logstash、Fluentd 之间的区别。

（4）列举 3 个常见的爬虫应用场景。

（5）数据预处理技术主要有哪些？

第2章
数据采集与存储

学习目标

- 掌握 JSON、CSV 等基础数据格式
- 了解什么是 HTTP
- 掌握网页的基本元素
- 掌握并熟练使用 urllib 库
- 掌握并熟练使用 requests 库
- 掌握并熟练使用正则表达式
- 了解什么是代理网络
- 掌握并熟练使用解析库 Beautiful Soup、XPath
- 掌握 JSON、CSV 格式数据的读取、存储及将数据存储到 MySQL 数据库中的操作

第 1 章简单介绍了数据采集和数据预处理，接下来就介绍如何进行数据的采集和存储。本章将主要讲解常用的数据格式，以及数据的采集与数据的存储。

2.1 数据格式与操纵

2.1.1 数据格式介绍

在爬虫中解析出网页信息后，下一步就需要将抓取的信息以数据的形式保存起来，以便后续对数据进行分析与操作。常用的数据格式有 TXT、JSON、CSV、XML 等。

在实际应用中，经常使用 AJAX 配合 JSON 来完成数据的抓取任务，与用 AJAX 配合 XML 相比抓取速度更快。如果使用 XML，则需要读取 XML 文档，然后用 XML DOM 来遍历文档，读取值后存储在变量中。如果使用 JSON，则只需读取 JSON 字符串。

CSV 是一种纯文本文件格式，用于存储表格数据（如电子表格或数据库），存储的表格数据包括数字和纯文本。大多数在线服务使用户可以自由地将网站中的数据导出为 CSV 文件。CSV 文件通常会在 Excel 中打开，同时在编程马拉松比赛或 Kaggle 比赛中，通常会提供这种文件格式的语料（Corpus）。从使用范围方面来看，CSV 文件格式更得程序员的喜爱。

随着使用的增多，JSON、CSV 格式的优越性愈发突出，它们更加适用于存取数据，因为这

两种格式的文件内存占用少且传输方便。

2.1.2　JSON 格式的数据

JSON（JavaScript Object Notation）是基于 JavaScript 的一个子集，通过对象和数组的组合来表示数据。JSON 格式构造简单但结构化程度非常高，是一种轻量级的数据交换格式。简洁和清晰的层次结构使得 JSON 成为理想的数据交换格式。JSON 格式易于用户阅读和编写，同时也易于机器解析和生成。使用 JSON 格式能有效地提升数据的网络传输效率。

（1）对象。对象在 JavaScript 中是使用花括号{}包裹起来的内容，数据结构为{key1:value1, key2:value2,...}的键值对结构。在面向对象语言中，key 为对象属性，value 为属性对应的值。对象属性名可以用整数和字符串来表示，值的类型可以是任意类型。

（2）数组。数组在 JavaScript 中是用方括号[]包裹起来的内容，数据结构为["java", "javascript","vb", ...]的索引结构。在 JavaScript 中，数组是一种比较特殊的类型，它可以像对象那样使用键值对的形式表示，但还是索引用得多。同样，值的类型可以是任意类型。

一个 JSON 对象可以写为如下形式：

```
{
"people": [
        { "firstName": "Brett", "lastName":"McLaughlin", "email": "aaaa" },
        { "firstName": "Jason", "lastName":"Hunter", "email": "bbbb"},
        { "firstName": "Elliotte", "lastName":"Harold", "email": "cccc" }
        ]
}
```

在这个示例中，只有一个名为 people 的变量，值是包含 3 个条目的数组，每个条目是一个人的记录，其中包含名、姓和电子邮件地址。上面的示例演示了如何用括号将记录组合成一个值。当然，可以使用相同的语法表示多个值（每个值包含多个记录）：

```
{ "programmers": [
{ "firstName": "Brett", "lastName":"McLaughlin", "email": "aaaa" },
{ "firstName": "Jason", "lastName":"Hunter", "email": "bbbb" },
{ "firstName": "Elliotte", "lastName":"Harold", "email": "cccc" }
],
"authors": [
{ "firstName": "Isaac", "lastName": "Asimov", "genre": "science fiction" },
{ "firstName": "Tad", "lastName": "Williams", "genre": "fantasy" },
{ "firstName": "Frank", "lastName": "Peretti", "genre": "christian fiction" }
],
"musicians": [
{ "firstName": "Eric", "lastName": "Clapton", "instrument": "guitar" },
{ "firstName": "Sergei", "lastName": "Rachmaninoff", "instrument": "piano" }
] }
```

这里最值得注意的是，JSON 不仅能够表示多个值，而且每个值还可包含多个值。应该注意的是，在不同的主条目（programmers、authors 和 musicians）之间，记录中实际的名称 / 值对可以不一样。JSON 是完全动态的，因此允许在 JSON 结构中改变数据的表示方式。

在处理 JSON 格式的数据时，没有需要遵守的预定义的规则，所以在同样的数据结构中可以改变数据的表示方式，甚至可以以不同的方式表示同一个事物。

2.1.3 CSV 格式的数据

逗号分隔值（Comma-Separated Value，CSV）有时也称字符分隔值，因为分隔字符可以不用逗号。其文件以纯文本形式存储表格数据（数字和文本）。纯文本意味着该文件是一个字符序列，不含必须像二进制数字那样被解读的数据。

CSV 文件由任意数目的记录组成，记录间以某种换行符分隔。每条记录由字段组成，字段间的分隔符是其他字符或字符串，最常见的是逗号或制表符。通常，所有记录都有完全相同的字段序列。

CSV 格式与 JSON 格式有所不同，CSV 格式更常用于导出和导入数据，或处理数据以供分析和机器学习。CSV 格式的文件与 JSON 格式的文件具有相同的优点，但更常用于热数据交换解决方案。

CSV 有以下 7 点格式规范（格式规范定义来源于 RFC 4180）。

（1）每一行记录位于一个单独的行上，各行用回车换行符 CRLF（即\r\n）分隔。

（2）文件中的最后一行记录可以有结尾回车换行符，也可以没有。

（3）第一行可以存在一个可选的标题头，其格式和普通记录行的格式一样。标题头要包含文件记录字段对应的名称，名称数量应该和记录字段的数量一样。在 MIME 类型中，标题头行是否存在可以通过 MIME 类型中的可选参数 header 指明。

（4）在标题头行和普通行的每行记录中会存在一个或多个由半角逗号（,）分隔（有用逗号分隔的，也有用其他字符分隔的，需事先约定）的字段。整个文件中每行应包含相同数量的字段，空格也是字段的一部分，不应该被忽略。每一行记录的最后一个字段后不能跟逗号。

（5）每个字段可用也可不用半角双引号（"") 引起来，如 Microsoft 的 Excel 就不用加半角双引号。如果字段没有用半角双引号引起来，那么该字段内部不能出现半角双引号字符。

（6）若字段中包含回车换行符、半角双引号或者半角逗号，则该字段需要用半角双引号引起来。

（7）如果用半角双引号把字段引起来，那么出现在字段内的双引号前必须加一个双引号进行转义。

2.2 网页抓取：爬虫基础

网络爬虫又称为网页蜘蛛、网络机器人，是一种按照一定的规则，自动抓取网络信息的程序或脚本。

网络爬虫按照系统结构和实现技术，大致可以分为通用网络爬虫（General Purpose Web Crawler）、聚焦网络爬虫（Focused Web Crawler）、增量式网络爬虫（Incremental Web Crawler）、深层网络爬虫（Deep Web Crawler）共 4 种类型。实际的网络爬虫系统通常是由几种爬虫结合实现的。

2.2.1 HTTP 基本原理

1. 什么是 HTTP

超文本传送协议（HyperText Transfer Protocol，HTTP）是互联网上应用最为广泛的一种网络协议。最初设计 HTTP 是为了提供一种发布和接收 HTML 页面的方法。HTTP 是用于从 WWW 服务器传输超文本到本地浏览器的传输协议，它可以使浏览器更加高效，使网络传输时间减少。它不仅能保证计算机正确、快速地传输超文本文档，还能决定传输的超文本文档中的哪一部分内容先显示，如文本先于图形显示。

HTTP 采用 URL 作为定位网络资源的标识，URL 格式如下：

http://host[:port][path]

host：合法的互联网主机域名或 IP 地址。

port：端口，如果没有设置端口，则默认为 80。

path：请求资源的路径。

通俗地讲，超文本传输安全协议（HyperText Transfer Protocol Secure，HTTPS）就是超文本传送协议的安全版，通过它传输的内容都是经过 SSL 加密的。爬虫抓取的页面通常都使用 HTTP 或 HTTPS。

当我们打开浏览器，从一个站点单击链接进入下一个站点，就相当于从超文本的一个空间进入另一个空间，浏览器再将其解析出来，就是我们看到的页面了。

HTTP 是一个应用层协议，是我们想从服务器获取信息的最直观请求。例如，在爬虫中使用的 urllib 库、requests 库等都封装了 HTTP，作为一个 HTTP 客户端实现了文字、图片、视频等信息源的下载。

但是 HTTP 不是直接就可以用的，它的请求建立在一些底层协议的基础上。例如在 TCP/IP 协议栈中，HTTP 需要 TCP 的三次握手连接成功后才能向服务器发起请求。当然，如果使用 HTTPS，则还需要 TSL 和 SSL 安全层。

2. 相互之间的通信

互联网的关键技术就是 TCP/IP。两台计算机之间的通信是通过 TCP/IP 在互联网上进行的。实际上 TCP/IP 是两个协议：传输控制协议（Transmission Control Protocol，TCP）和网际协议（Internet Protocol，IP）。

IP 负责计算机之间的通信，是计算机用来相互识别和通信的一种机制。每台计算机都有一个 IP 地址，用来在互联网上标识这台计算机。IP 负责在互联网上发送和接收数据包。通过 IP，消息（或者其他数据）被分割为小的、独立的包，并通过互联网在计算机之间传输。IP 负责将每个包路由至它的目的地。

IP 允许计算机相互发消息，但它并不检查消息是否以发送的次序到达以及有没有损坏，它只检查关键的头数据。为了提供消息检验功能，直接在 IP 上设计了传输控制协议（TCP）。

TCP 负责应用程序之间的通信，它确保数据包以正确的次序到达，并且尝试确认数据包的内容没有改变。TCP 在 IP 地址上引用端口（Port），允许计算机通过网络提供各种服务。一些端口专门为特定的服务保留，而且这些端口是众所周知的。

服务或者守护进程是在提供服务的计算机上监听特定端口上的通信流的程序。例如，大多数电子邮件通信流出现在端口 25，用于互联网的 HTTP 通信流出现在端口 80。

当应用程序希望通过 TCP 与另一个应用程序进行通信时，它会发送一个通信请求。这个通信请求必须被送到一个确切的地址。在双方握手之后，TCP 将在两个应用程序之间建立一个全双工（FullDuplex）的通信，占用两台计算机之间的整个通信线路。TCP 用于控制从应用程序到网络的数据传输，负责在数据传输之前将它们分割为 IP 包，然后在它们到达时将它们重组。

TCP/IP 就是 TCP 和 IP 两个协议在一起协同工作，它们之间有上下层次的关系：TCP 负责应用程序（如浏览器）和网络软件之间的通信，IP 负责计算机之间的通信。TCP 负责将数据分割并装入 IP 包，IP 负责将 IP 包发送至接收者，传输过程要经 IP 路由器根据通信量、网络中的错误或者其他参数来进行正确的寻址，然后在 IP 包到达时重新组合它们。

3. HTTP 的工作过程

一次 HTTP 操作称为一个事务，其整个工作过程如下。

（1）地址解析。

例如用客户端浏览器请求这个虚拟页面：http://localhost.com:8080/index.html。

从中分解出协议名、主机名、端口、对象路径等部分，对于这个地址，解析得到的结果如下。

① 协议名：http。

② 主机名：localhost.com。

③ 端口：8080。

④ 对象路径：/index.html。

在这一步，需要域名系统 DNS 解析主机名 localhost.com 得到主机的 IP 地址。

（2）封装成 HTTP 请求数据包。

结合本机信息，把以上部分封装成一个 HTTP 请求数据包。

（3）封装成 TCP 包，建立 TCP 连接（TCP 的三次握手）。

在 HTTP 开始工作之前，客户端（Web 浏览器）要先通过网络与服务器建立连接，该连接是通过 TCP 来建立的。该协议与 IP 共同构成 TCP/IP 协议族，因此互联网又被称作 TCP/IP 网络。HTTP 是比 TCP 层次更高的应用层协议。根据规则，只有建立低层协议之后，才能进行更高层协议的连接，因此，要先建立 TCP 连接。一般 TCP 连接的端口是 80，这里是 8080。

（4）客户端发送请求。

建立连接后，客户端发送一个请求给服务器，请求的格式为：统一资源定位符（URL），协议版本号，MIME 信息（包括请求修饰符、客户端信息和内容）。

（5）服务器响应。

服务器接到请求后，给予相应的响应信息，其格式为一个状态行，包括信息的协议版本号、一个成功或错误的代码、MIME 信息（包括服务器信息、实体信息和可能的内容）。

服务器向浏览器发送头信息后，会发送一个空白行来表示头信息的发送到此结束，接着就以 Content-Type 应答头信息描述的格式发送用户请求的实际数据。

（6）服务器关闭 TCP 连接。

一旦 Web 服务器向浏览器发送了用户请求的数据，它就要关闭 TCP 连接。如果浏览器或者服务器在其头信息中加入 Connection:keep-alive，在服务器响应后 TCP 连接将保持，浏览器可以继续通过相同的连接发送请求。保持连接状态节省了为每个请求建立新连接所需的时间，还节约了网络带宽。

2.2.2　网页的基本元素

我们可以使用 HTML 来建立自己的 Web 站点，HTML 运行在浏览器上，由浏览器来解析。

完整的 HTML 页面如图 2-1 所示。

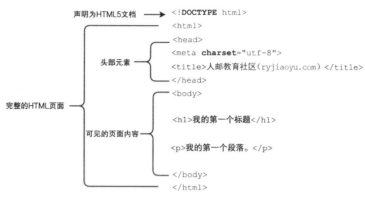

图 2-1　完整的 HTML 页面

（1）<!DOCTYPE html>声明为 HTML5 文档。

（2）<html>标签是 HTML 页面的根元素。

（3）<head>标签包含文档的元（meta）数据，如<meta charset="utf-8">定义网页编码格式为 utf-8。

（4）<title>标签描述了文档的标题。

（5）<body>标签包含可见的页面内容。

（6）<h1>标签定义了一个大标题。

（7）<p>标签定义了一个段落。

在浏览器中打开该页面，按 F12 键开启调试模式，可以看到页面的组成标签。

1. HTML 标题

HTML 标题是通过<h1>～<h6>标签来定义的，示例代码如下：

```
<h1>这是一个标题</h1>
<h2>这是一个标题</h2>
<h3>这是一个标题</h3>
```

2. HTML 段落

HTML 段落是通过<p>标签来定义的，示例代码如下：

```
<p>这是一个段落。</p> <p>这是另外一个段落。</p>
```

3. HTML 链接

HTML 链接是通过<a>标签来定义的，示例代码如下：

```
<a href="https://www.ryjiaoyu.com">这是一个链接</a>
```

4. HTML 图像

HTML 图像是通过<img>标签来定义的，示例代码如下：

```
<img loading="lazy" src="/images/logo.png" width="258" height="39" />
```

5. <head>标签

<head>标签（用于定义头部区域）包含所有的头部元素。在<head>标签中可以插入脚本

（Script）、样式文件（CSS）及各种 meta 信息。

可以添加在头部区域中的标签有<title>标签、<style>标签、<meta>标签、<link>标签、<script>标签、<noscript>标签和<base>标签。

6. HTML 表格

HTML 表格由<table>标签来定义。每个表格均有若干行（由<tr>标签定义），每行被分割为若干个单元格（由<td>标签定义）。字母 td 指表格数据（Table Data），即数据单元格的内容。数据单元格可以包含文本、图片、列表、段落、表单、水平线、表格等。<table>标签的示例代码如下：

```
<table border="1">
<tr>
    <td>row 1, cell 1</td>
    <td>row 1, cell 2</td>
</tr>
<tr>
    <td>row 2, cell 1</td>
    <td>row 2, cell 2</td>
</tr>
</table>
```

7. HTML 布局

大多数网站会把内容安排到多个列中（就像杂志或报纸那样），可以使用<div>标签或者<table>标签来创建多列，使用 CSS 对标签进行定位或为页面创建背景及色彩丰富的外观，示例代码如下：

```
<!DOCTYPE html>
<html>
<head>
<meta charset="utf-8">
<title>人邮教育社区(ryjiaoyu.com)</title>
</head>
<body>
 <div id="container" style="width:500px">
 <div id="header" style="background-color:#FFA500;">
 <h1 style="margin-bottom:0;">主要的网页标题</h1></div>
 <div id="menu" style="background-color:#FFD700;
 height:200px;width:100px;float:left;"> <b>菜单</b><br> HTML<br> CSS<br> JavaScript
</div>
 <div id="content" style="background-color:#EEEEEE;
 height:200px;width:400px;float:left;"> 内容在这里</div>
 <div id="footer" style="background-color:#FFA500;
 clear:both;text-align:center;"> 版权 ©ryjiaoyu.com</div>
 </div>
</body>
</html>
```

8. HTML 框架

使用 HTML 框架可以在同一个浏览器窗口中显示多个页面，示例代码如下：

```
<iframe src="URL"></iframe>          #格式
```

```
#示例
<iframe src="demo_iframe.htm" name="iframe_a"></iframe>
<p><ahref="http://www.ryjiaoyu.com"target="iframe_a" rel="noopener">RUNOOB.COM</a></p>
```

以上便是一些 HTML 的基础组成标签，了解一些基础的页面构成，有助于读者在后续抓取数据时能迅速定位到需要抓取的位置。

2.2.3　urllib 库

urllib 库是 Python 中一个功能强大、用于访问 URL，并在抓取数据时会经常用到的库。urllib 库可以实现的功能包括向服务器发送请求、得到服务器响应、获取网页的内容等。Python 的强大就在于其提供了功能齐全的类库来帮助完成某些特定操作。通过调用 urllib 库，我们不需要了解请求的数据结构，HTTP、TCP、IP 层的网络传输通信，以及服务器应答原理等就能实现相应操作。此外，urllib 库是 Python 内置的 HTTP 请求库，也就是说它不需要额外安装。urllib 库的更多信息可以在其官网中查看。

urllib 库包含 4 个模块。

（1）requset：HTTP 请求模块，可以用来模拟发送请求，只需要传入 URL 及额外参数，就可以模拟浏览器访问网页的过程。

（2）error：异常处理模块，检测请求是否报错，捕捉异常信息，进行重试或其他操作，保证程序不会终止。

（3）parse：工具模块，提供许多 URL 处理方法，如拆分、解析、合并等。

（4）robotparser：识别网站根目录下的 robots.txt 文件，用于判断网站能否被抓取，该模块使用频率较低。

1. request 模块

Urlopen()是 request 模块中的方法，用于模拟浏览器的请求发起过程，便于我们抓取网页信息，示例代码如下：

```
import urllib.request
respons = urllib.request.urlopen('https://www.ryjiaoyu.com/')#http 请求对象
print(type(respons))
print(respons.read().decode('utf-8'))#调用 http 请求对象的 read()方法读取对象的内容并以utf-8 的格式显示出来
```

抓取人邮教育社区页面，可以看出返回的是一个 HTTPResponse 对象，结果如图 2-2 所示。

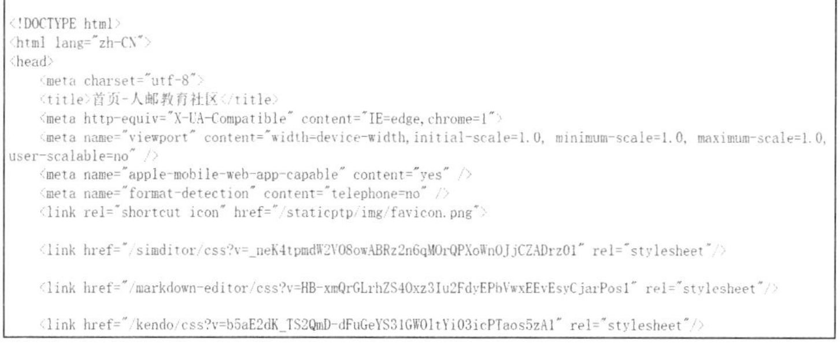

```
<class 'http.client.HTTPResponse'>

<!DOCTYPE html>
<html lang="zh-CN">
<head>
    <meta charset="utf-8">
    <title>首页-人邮教育社区</title>
    <meta http-equiv="X-UA-Compatible" content="IE=edge,chrome=1">
    <meta name="viewport" content="width=device-width,initial-scale=1.0, minimum-scale=1.0, maximum-scale=1.0, user-scalable=no" />
    <meta name="apple-mobile-web-app-capable" content="yes" />
    <meta name="format-detection" content="telephone=no" />
    <link rel="shortcut icon" href="/staticptp/img/favicon.png">

    <link href="/simditor/css?v=_neK4tpmdW2VO8owABRz2n6qMOrQPXoWnOJjCZADrz01" rel="stylesheet"/>

    <link href="/markdown-editor/css?v=HB-xmQrGLrhZS40xz3Iu2FdyEPbVwxEEvEsyCjarPos1" rel="stylesheet"/>

    <link href="/kendo/css?v=b5aE2dK_TS2QmD-dFuGeYS31GW01tYi03icPTaos5zA1" rel="stylesheet"/>
```

图 2-2　HTTPResponse 对象结果

HTTPResponse 对象主要包含 read()、readinto()、getheader(name)、getheaders()、fileno()等方法，以及 msg、version、status、reason、debuglevel、closed 等属性。下面看一个例子，结果如图 2-3 所示。

```
import urllib.request
respons = urllib.request.urlopen('https://www.ryjiaoyu.com')
print(respons.status)
print(respons.getheaders())
print(respons.getheader('Server'))
```

```
200
[('Date', 'Sat, 30 Mar 2024 18:04:42 GMT'), ('Content-Type', 'text/html; charset=utf-8'), ('Content-Length', '14
5499'), ('Connection', 'close'), ('Set-Cookie', 'acw_tc=2760778617118218821906173e23dc549be6ea0a449715ec1f322223
e32f22;path=/;HttpOnly;Max-Age=1800'), ('Cache-Control', 'private'), ('Set-Cookie', 'AnonymousUserId=32988ac9-04
48-4e3a-8fbd-0ec96c81d7df; domain=.ryjiaoyu.com; expires=Sun, 30-Mar-2025 18:04:42 GMT; path=/'), ('Strict-Trans
port-Security', 'max-age=7770000; includeSubDomains; preload')]
145499
```

图 2-3　HTTPResponse 对象属性返回结果

执行代码可以得到访问人邮教育社区时的响应状态码和响应的头信息。响应状态码为 200 表示成功访问；响应头中的 Server 值是 BWS/1.1，表明服务器是基于此搭建的。

下面是完整的 urlopen()方法的官方 API：

```
urllib.request.urlopen(url, data=None, [timeout, ]*, cafile=None,
capath=None, cadefault=False, context=None)
```

（1）data。这是一个可选参数，如果它是字节流编码格式的内容，即 bytes 类型，则需要通过bytes()方法转化。如果传递了这个参数，它的请求方式就从 GET 变成了 POST。下面来看一个例子：

```
import urllib.parse
import urllib.request
data = bytes(urllib.parse.urlencode({'word':'hello'}),encoding='utf-8')
respons = urllib.request.urlopen('http://httpbin.org/post',data=data)
print(respons.read())
```

bytes()方法的第一个参数是 str 类型，需要用 urllib.parse 模块的 urlencode()方法来将参数字典转化为字符串；第二个参数指定编码格式为 utf-8。我们传递的参数在 form 字段中，表明是模拟了表单提交的方式。

（2）timeout。用于设置超时时间，在数秒内指定超时以阻止连接等操作（如果没有指定，将使用全局默认超时设置）。这实际上仅适用于 HTTP、HTTPS 和 FTP 连接，例如：

```
import socket
import urllib.request
import urllib.error
try:
    response = urllib.request.urlopen('http://httpbin.org/get',timeout=0.1)
except urllib.error.URLError as e:
    if isinstance(e.reason,socket.timeout):
        print('TIME OUT')
```

上例中我们请求 http://httpbin.org/get 测试连接，设置的超时时间是 0.1 秒，然后捕获了URLError 异常，接着判断异常是 socket.timeout 类型（超时异常）的，从而得出它确实是因为超时而报错，输出 TIME OUT。

2. error 模块

在网络不好的情况下程序可能会因报错而终止运行，这时异常的处理就很重要了。URLError 是 error 模块的基类，由 request 模块生成的异常都可以通过捕获这个类来处理。HTTPError 是 URLError 的子类，专门用来处理 HTTP 请求错误，如认证请求失败等，它有 3 个属性：code，返回 HTTP 状态码；reason，返回错误的原因；headers，返回请求头。下面举个例子：

```
from urllib import request,error
try:
    response = request.urlopen('http://ryjiaoyu.com/index.html')
except error.HTTPError as e:
    print(e.reason,e.code,e.headers,sep='\n')
```

执行以上代码能得到 HTTP 状态码、错误的原因、请求头。

3. parse 模块

urllib 库提供了 parse 模块用以处理 URL 的标准接口，例如实现 URL 各部分的抽取、合并及连接转换。下面举个例子：

```
from urllib.parse import urlparse
Result=urlparse('https://ryjiaoyu.com/apps/abs/10/297/x7m9k?spm=a2166.8043889.305590.6
.59e87482PoG2FO&wh_weex=true&psId=1650038')
print(type(result),'\n',result)
```

执行以上代码，返回结果是一个 ParseResult 对象，由 scheme、netloc、path、params、query、fragment 这 6 部分组成，分别代表协议、域名、访问路径、参数、查询条件、锚点。

4. robotparser 模块

robots 协议也叫爬虫协议，用来告诉爬虫和搜索引擎哪些页面可以抓取，哪些不能抓取。当爬虫访问一个站点时，它会先检查这个站点的根目录下是否存在 robots.txt 文件。如果存在这个文件，爬虫会根据其中的抓取范围来抓取页面；如果没有这个文件，爬虫就会抓取所有可直接访问的页面。

robotparser 模块可用于解析 robots.txt 文件。这个模块提供了一个 RobotFileParser 对象，可以根据某网站的 robots.txt 文件来判断一个爬虫是否有权限来抓取这个页面，它有如下方法。

（1）set_url()：用来设置 robots.txt 文件的链接，如果在创建 RobotFileParser 对象时传入了链接，就不需要使用这个方法来设置了。

（2）read()：用来读取 robots.txt 文件并进行分析，使用这个方法可以执行读取和分析操作，这个方法必须调用。

（3）parse()：用来解析 robots.txt 文件，传入 robots.txt 文件某些行的内容，它会按照 robots.txt 文件的语法规则来分析这些内容。

（4）can_fetch()：用来传入 User-Agent 和抓取的 URL，返回是否可以抓取这个 URL，返回结果为 True 或 False。

（5）mtime()：用来返回上次抓取和分析 robots.txt 文件的时间。

（6）modified()：用来将当前时间设置为上次抓取和分析 robots.txt 文件的时间。

2.2.4　使用 requests 库请求网站

urllib 库作为入门的工具是不错的，学习使用 urllib 库对我们了解一些爬虫的基本理念，掌握爬虫抓取的流程有所帮助。入门之后，我们就需要学习一些更加高级的内容和工具以便抓取。这一小节将简单介绍 requests 库的基本用法。requests 库是目前公认的最简洁、最方便的抓取网页的第三方库之一，甚至可以用一行代码就从网页中获取信息。

requests 库的更多信息可以在官网中查看。

（1）requests 库的安装。

按 Win+R 组合键，在"运行"对话框中输入 cmd 并确定，执行下面的命令行：

```
pip install requests
```

（2）测试 requests 库是否安装成功。

在 IDEA 编译器中测试 requests 库是否安装成功：

```
import requests
r = requests.get('https://www.baidu.com/')
print(type(r))
print(r.status_code)
print(r.encoding)
print(r.cookies)
```

执行以上代码，可以看到下面的输出结果，即表示安装成功。

```
<class 'requests.models.Response'>
200
ISO-8859-1
<RequestsCookieJar[<Cookie BDORZ=27315 for .baidu.com/>]>
```

（3）requests 库的主要方法。

requests 库的主要方法有以下 7 个。

① requests.request(method, url, **kwargs)。

构造一个请求，该方法是支撑以下各方法的基础方法。

② requests.get(url, params=None, **kwargs)。

get()方法是获取 HTML 网页的主要方法，对应于 HTTP 的 GET 方式，其参数解释如下。

url：获取页面的 URL。

params：URL 中的额外参数、字典或字节流格式，可选。

**kwargs：控制访问的参数，有 12 个。

```
r= requests.get(url)
```

在这里讲解一下 Response 对象的属性，如表 2-1 所示。

表 2-1   Response 对象的属性

属性	说明
r.status_code	HTTP 请求的响应状态码，200 表示连接成功，404 表示连接失败
r.text	HTTP 响应内容的字符串形式，即 URL 对应的页面内容
r.encoding	从 HTTP header 中分析出的响应内容编码方式
r.apparent_encoding	从页面内容中分析出的响应内容编码方式（备选编码方式）
r.content	HTTP 响应内容的二进制形式

③requests.head(url, **kwargs)。

获取 HTML 网页头信息的方法，对应于 HTTP 的 HEAD 方式。

④ requests.post(url, data=None, json=None, **kwargs)。

向 HTML 网页提交 POST 请求的方法，对应于 HTTP 的 POST 方式。

⑤ requests.put(url, data=None, **kwargs)。

向 HTML 网页提交 PUT 请求的方法，对应于 HTTP 的 PUT 方式。

⑥ requests.patch(url, data=None, **kwargs)。

向 HTML 网页提交局部修改请求的方法，对应于 HTTP 的 PATCH 方式。

⑦ requests.delete(url, **kwargs)。

向 HTML 网页提交删除请求的方法，对应于 HTTP 的 DELETE 方式。

可以看出，requests 库和 HTTP 访问网页的方法几乎是一一对应、功能一致的。在使用 requests 库获取页面信息时，我们主要使用的是 get()方法，通过 requests.get(url)获取 URL 的相关内容。但这样的语句并不是一定成立的，因为网络连接有风险，所以这样的语句的异常处理很重要。下面将讲解 requests 库的异常处理。

（4）requests 库的异常处理。

requests 库常见的异常有 6 个，如表 2-2 所示。

表 2-2　　　　　　　　　　　　　　　requests 库常见的异常

异常	说明
requests.ConnectionError	网络连接错误异常，如 DNS 查询失败、拒绝连接等
requests.HTTPError	HTTP 错误异常
requests.URLRequired	URL 错误异常
requests.TooManyRedirects	超过最大重定向次数，产生重定向异常
requests.ConnectTimeout	连接远程服务器超时异常（仅指连接的时间）
requests.Timeout	请求 URL 超时，产生超时异常（整个过程）

将获取百度页面信息的代码封装为函数 getHTMLText()，当获取到的网页状态不是 200 时，引发 HTTPError 异常，提示"产生异常"。同时，以下代码也是常用的抓取网页的代码框架：

```
import requests
def getHTMLText(url):
    try:
        r=requests.get(url,timeout=30)
        r.raise_for_status()        #如果状态不是200，引发HTTPError异常
        r.encoding=r.apparent_encoding
        return r.text
    except:
        return "产生异常"
if __name__=="__main__":
    url="https://www.baidu.com"
    print(getHTMLText(url))
```

2.2.5 使用正则表达式提取数据

在编写处理字符串的程序或网页时，经常会有查找符合某些复杂规则的字符串的需要。正则表达式就是用于描述这些规则的工具，换句话说，正则表达式就是记录文本规则的代码。一个正则表达式是一种从左到右匹配主体字符串的模式。正则表达式的英文是 regular expression，我们常用缩写 regex 或 regexp 表示。正则表达式可以从一个基础字符串中根据一定的匹配模式替换文本中的字符串以及验证表单、提取字符串等。

正则表达式在文本处理中十分常用，可以用来表达文本类型的特征，同时查找或替换一组字符串、匹配字符串的全部或部分。在 Python 中，一般使用 re 模块来实现 Python 正则表达式的功能。本小节先讲解正则表达式的基本理论，再讲解如何使用 re 模块实现 Python 正则表达式。

1. 正则表达式的基本理论

（1）基本匹配。

正则表达式其实就是在执行搜索操作时的格式，它由一些字母和数字组合而成。例如，一个正则表达式 cat，它表示一个规则由字母 c 开始执行，接着执行字母 a，最后执行字母 t：

```
"cat" => The fat cat sat on the mat.
```

同时，正则表达式对大小写敏感。若一个正则表达式是 The，则只会匹配到 The，而不会是 the：

```
"The" => The fat cat sat on the mat.
```

（2）元字符。

正则表达式主要依赖于元字符。元字符不代表它们本身的字面意思，而是有特殊的含义。一些元字符写在方括号中时有一些更特殊的含义。常用的元字符如表 2-3 所示。

表 2-3　　　　　　　　　　　　常用的元字符

元字符	描述
.	点运算符，用于匹配任意单个字符（除了换行符）
[]	字符集，用于匹配方括号内的任意字符
[^]	否定字符集，用于匹配除了方括号内的任意字符
*	用于匹配在*之前的字符之前出现≥0 次的字符串
+	用于匹配在+之前的字符之前出现≥1 次的字符串
?	标记?之前的字符为可选
{n,m}	用于匹配 num 个花括号之前的字符或字符集($n \leqslant num \leqslant m$)
(xyz)	特征标群，用于匹配与 xyz 完全相等的字符串
|	或运算符，用于匹配符号前或后的字符
\	转义字符，用于匹配一些特殊字符如[ ]、( )、{ }、.、*、+、?、^、$、\、|
^	从开始行开始匹配
$	从末端开始匹配

① 点运算符。

是元字符中最简单的例子。匹配任意单个字符，但不匹配换行符。例如，表达式.ar 用于匹配任意字符后面是字母 a 和 r 的字符串：

```
".ar" => The car parked in the garage.
```

② 字符集。

字符集也叫作字符类。方括号用来指定一个字符集，在方括号中使用连字符来指定字符集的范围，在方括号中的字符集不关心顺序。例如，表达式[Tt]he 用于匹配 the 和 The 字符串：

```
"[Tt]he" => The car parked in the garage.
```

方括号内的点号表示英文句号。例如，表达式 ar[.]用于匹配 ar.字符串：

```
"ar[.]" => A garage is a good place to park a car.
```

③ 否定字符集。

一般来说，^表示一个字符串的开头，但当它用在一个方括号中的字符串的开头时，它表示这个字符集是否定的。例如，表达式[^c]ar 用于匹配一个除了字母 c 以外的后面跟着 ar 的任意字符串：

```
"[^c]ar" => The car parked in the garage.
```

④ 重复次数。

元字符*、+、?用来指定匹配子模式的次数。这些元字符在不同的情况下有不同的意思。

*用于匹配在*之前出现了大于等于 0 次的字符串。例如，表达式 a*用于匹配 0 个或更多个以字母 a 开头的字符串，表达式[a-z]*用于匹配一行中所有以小写字母开头的字符串：

```
"[a-z]*" => The car parked in the garage.
```

*字符和.字符搭配可以匹配所有的字符。*可以和用于匹配空格的符号\s 连起来用，例如，表达式\s*cat\s*用于匹配 0 个或更多个以空格开头，且 0 个或更多个以空格结尾的 cat 字符串：

```
"\s*cat\s*" => The fat cat sat on the concatenation.
```

+用于匹配在+之前的出现了大于等于 1 次的字符串。例如，表达式 c.+t 用于匹配以字母 c 开头以字母 t 结尾，中间跟着至少一个字符的字符串：

```
"c.+t" => The fat cat sat on the mat.
```

在正则表达式中，元字符?用于标记在符号前面的字符为可选，即出现 0 次或 1 次。例如，表达式[T]?he 用于匹配字符串 he 和 The：

```
"[T]?he" => The car is parked in the garage.
```

⑤ 限定重复次数。

在正则表达式中，{}是一个数词，常用来限定一个或一组字符可以重复出现的次数。例如，表达式[0-9]{2,3}用于匹配最少 2 位最多 3 位 0～9 的数字：

```
"[0-9]{2,3}" => The number was 9.9997 but we rounded it off to 10.0.
```

这里可以省略第二个参数。例如，表达式[0-9]{2,}用于匹配至少 2 位 0～9 的数字：

```
"[0-9]{2,}" => The number was 9.9997 but we rounded it off to 10.0.
```

如果逗号也省略掉，则表示重复固定的次数。例如，表达式[0-9]{3}用于匹配 3 位数字：

```
"[0-9]{3}" => The number was 9.9997 but we rounded it off to 10.0.
```

⑥ ()特征标群。

特征标群是一组写在()中的子模式。()中包含的内容将会被看成一个整体，()和数学中圆括号的作用相同。例如，表达式(ab)*用于匹配连续出现了 0 个或更多个 ab 的字符串。如果没有使用()，那么表达式 ab*将匹配连续出现了 0 个或更多个 b 的字符串。之前说的{}用来指定一个字符出现的次数，但如果是在{}前加上特征标群()，则表示整个标群内的字符重复次数。

可以在()中用或运算符|表示或。例如，表达式(c|g|p)ar 用于匹配 car 或 gar 或 par:

```
"(c|g|p)ar" => The car is parked in the garage.
```

⑦或运算符。

或运算符|表示或，用于判断条件。例如，表达式(T|t)he|car 用于匹配(T|t)he 或 car:

```
"(T|t)he|car" => The car is parked in the garage.
```

⑧ 转义字符。

反斜线\在表达式中用于转码紧跟在其后的字符，用于指定{ }、[ ]、\、+、*、.、$、^、|、?等特殊字符。如果想要匹配这些特殊字符，则需要在特殊字符前面加上反斜线\。

.是用来匹配除换行符外的所有字符的，如果想要匹配句子中的.则要写成\.。例如，表达式(f|c|m) at\.?是选择性匹配:

```
"(f|c|m)at\.?" => The fat cat sat on the mat.
```

⑨ 锚点。

在正则表达式中，如果想要指定开头或结尾的字符串就要使用锚点。^指定开头，$指定结尾。

^用来检查匹配的字符是否在匹配字符串的开头。例如，在字符串 abc 中使用表达式^a 会得到结果 a，但如果使用^b 将匹配不到任何结果。因为字符串 abc 并不是以 b 开头。例如，表达式^(T|t)he 用于匹配以 The 或 the 开头的字符串:

```
"(T|t)he" => The car is parked in the garage.
"^(T|t)he" => The car is parked in the garage.
```

同理，$用来检查匹配字符串是否为字符串的结尾。例如，表达式(at\.)$用于匹配以 at.结尾的字符串:

```
"(at\.)" => The fat cat. sat. on the mat.
"(at\.)$" => The fat cat. sat. on the mat.
```

（3）简写字符集。

正则表达式提供一些常用的简写字符集，如表 2-4 所示。

表 2-4　　　　　　　　　　　常用的简写字符集

简写	描述
.	除换行符外的所有字符
\w	匹配所有字母、数字，等同于[a-zA-Z0-9_]
\W	匹配所有非字母、数字，即匹配符号，等同于[^\w]
\d	匹配数字，等同于[0-9]
\D	匹配非数字，等同于[^\d]

简写	描述
\s	匹配所有空格字符，等同于[\t\n\f\r\p{Z}]
\S	匹配所有非空格字符，等同于[^\s]
\f	匹配一个换页符
\n	匹配一个换行符
\r	匹配一个回车符
\t	匹配一个制表符
\v	匹配一个垂直制表符
\p	匹配 CR/LF（等同于\r\n），用来匹配 DOS 终止符

（4）零宽度断言。

先行断言和后行断言都属于非捕获簇（不捕获文本，也不针对组合进行计数）。先行断言用于判断匹配的格式是否在另一个确定的格式之前，匹配结果不包含该确定格式（仅作为约束）。例如，如果想获得所有跟在$后的数字，则可以使用正后行断言(?<=\$)[0-9\.]*。这个表达式用于匹配以$开头，之后跟着 0、1、2、3、4、5、6、7、8、9。且以 . 结尾的字符串，这些字符的出现次数可以大于等于 0 次。

零宽度断言如表 2-5 所示。

表 2-5　　　　　　　　　　　　　　　　零宽度断言

符号	描述
?=	正先行断言-存在
?!	负先行断言-排除
?<=	正后行断言-存在
?<!	负后行断言-排除

① ?=...正先行断言。

?=...正先行断言，表示第一部分表达式之后必须跟着?=定义的表达式。返回结果只包含满足匹配条件的第一部分表达式。定义一个正先行断言要使用括号，在括号内部使用一个问号和等号，即(?=...)。

正先行断言的内容写在括号中的等号后面。例如，表达式(T|t)he(?=\sfat)用于匹配 The 或 the，在括号中又定义了正先行断言(?=\sfat)，即 The 和 the 后面紧跟着空格和 fat：

```
"(T|t)he(?=\sfat)" => The fat cat sat on the mat.
```

② ?!...负先行断言。

负先行断言?!用于筛选所有匹配结果，筛选条件为其后不跟随断言中定义的表达式。负先行断言的定义和正先行断言的定义基本一样，区别就是把=替换成!，也就是(?!...)。例如，表达式(T|t)he(?!\sfat)用于匹配 The 或 the，且其后不跟着空格和 fat：

```
"(T|t)he(?!\sfat)" => The fat cat sat on the mat.
```

③ ?<=...正后行断言。

正后行断言写作?<=...，用于筛选所有匹配结果，筛选条件为其前跟随断言中定义的表达式。例如，表达式(?<=(T|t)he\s)(fat|mat)用于匹配 fat 或 mat，其前跟着 The 或 the，且其后跟着空格：

```
"(?<=(T|t)he\s)(fat|mat)" => The fat cat sat on the mat.
```

④ ?<!...负后行断言。

负后行断言写作?<!...，用于筛选所有匹配结果，筛选条件为其前不跟随断言中定义的表达式。例如，表达式(?<!(T|t)he\s)(cat)用于匹配 cat，其前不跟着 The 或 the，且其后跟着空格：

```
"(?<!(T|t)he\s)(cat)" => The cat sat on cat.
```

（5）标志。

标志也叫模式修饰符，因为它可以用来修饰表达式的搜索结果。标志可以作为正则表达式的一部分任意地组合使用，如表 2-6 所示。

表 2-6　　　　　　　　　　　　　　标志的描述

标志	描述
i	忽略大小写
g	全局搜索
m	多行修饰符，锚点元字符^$、用于检查字符是否在待测字符串的开头和结尾

① 忽略大小写（Case Insensitive）。

修饰符 i 用于忽略大小写。例如，表达式/The/gi 表示在全局搜索 The，i 表示忽略大小写，则变成搜索 the 和 The，g 表示全局搜索：

```
"The" => The fat cat sat on the mat.
"/The/gi" => The fat cat sat on the mat.
```

② 全局搜索（Global Search）。

修饰符 g 常用于执行一个全局搜索匹配操作，即返回匹配的全部结果。例如，表达式/.(at)/g 表示搜索任意字符（除了换行符）和 at，并返回全部结果：

```
"/.(at)/" => The fat cat sat on the mat.
"/.(at)/g" => The fat cat sat on the mat.
```

③ 多行修饰符（Multiline）。

多行修饰符 m 常用于执行一个多行匹配操作。之前介绍的（^、$）用于检查字符是否是在待检测字符串的开头或结尾，如果想要它在每行的开头和结尾生效，则需要用到多行修饰符 m。

例如，表达式/at(.)?$/gm 表示小写字母 a 后跟小写字母 t，末尾可选除换行符外的任意字符。使用修饰符 m，表达式则可以匹配每行的结尾：

```
"/.at(.)?$/" => The fat
                cat sat
                on the mat.
"/.at(.)?$/gm" => The fat
                  cat sat
                  on the mat.
```

（6）贪婪匹配与惰性匹配（Greedy Matching vs. Lazy Matching）。

正则表达式默认采用贪婪匹配模式，在该模式下意味着会匹配尽可能长的子字符串。我们可以使用?将贪婪匹配模式转化为惰性匹配模式：

```
"/(.*at)/" => The fat cat sat on the mat.
"/(.*?at)/" => The fat cat sat on the mat.
```

2. 使用 re 模块实现 Python 正则表达式

通过前面的学习，我们已经掌握了如何写正则表达式。想要用这些正则表达式来进行相应的匹配，还需要使用正则表达式函数。

常见的正则表达式函数有 re.match()函数、re.search()函数、全局匹配函数、re.sub()函数，下面讲解这些常用的函数。

（1）re.match()函数。

如果想要从源字符串的起始位置匹配一个模式，则可以使用 re.match()函数。re.match()函数的格式如下：

```
re.match(pattern,string,flag)
```

第一个参数代表对应的正则表达式；第二个参数代表对应的源字符串；第三个参数是可选参数，代表对应的标志位，可以存放模式修饰符等信息。

re.match()函数的使用示例如下：

```
import re
str='www.runoob.com'
pattern='www'
result=re.match(pattern, str)
result2=re.match(pattern, str).span()
print(result)
print(result2)
```

代码的运行结果如图 2-4 所示。

该程序会从字符串的起始位置进行匹配，如果不符合模式，则会返回 None；如果符合模式，则返回匹配成功的结果。正则表达式刚好可以从字符串的起始位置进行匹配并匹配成功，所以可以看到 result、result2 都成功进行了匹配，但是展现形式不一样。通过.span()设置可以过滤掉一些信息，只留下匹配成功的结果在源字符串中的位置。

（2）re.search()函数。

还可以使用 re.search()函数进行匹配，re.search()函数会扫描整个字符串并进行对应的匹配。该函数与 re.match()函数最大的不同是，re.match()函数是从源字符串的起始位置进行匹配的，而 re.search()函数在全文中进行检索匹配。re.search()函数的使用示例如下：

```
import re
str='wwsafw.runoonadfanoonsb.com'
pattern='.noon.'
res1=re.match(pattern,str)
res2=re.search(pattern,str)
print(res1)
print(res2)
```

代码的运行结果如图 2-5 所示。

```
<re.match object; span=(0, 3), match='www'>
(0, 3)
```

```
None
<re.match object; span=(8, 14), match='unoona'>
```

图 2-4　re.match()函数的匹配结果　　　　图 2-5　re.search()函数的匹配结果

可以看出，字符串 str 起始位置的格式不符合正则表达式的格式，所以 re.match()函数匹配不到结果。但是字符串 str 中含有符合正则表达式格式的内容，所以 re.search()函数匹配到了结果'unoona'。

（3）全局匹配函数。

上面的两种匹配函数 re.match()、re.search()只返回一个匹配到的结果。如果需要返回所有符合条件的匹配结果，可以使用全局匹配函数。全局匹配函数的使用示例如下：

```
import re

str='wwsafw.runoonadfanoonsb.com'
#预编译
pattern=re.compile('.noon.')
#全局匹配，找出所有符合条件的匹配结果
res=pattern.findall(str)
print(res)
```

得到执行结果['unoona','anoons']。上面代码功能的实现重点是先进行预编译，再找出所有符合条件的结果。

（4）re.sub()函数。

上面 3 个函数都是找出符合条件的结果，如果我们想根据正则表达式来替换符合条件的字符串，可以通过 re.sub()函数来实现。re.sub()函数的格式如下：

```
re.sub(pattern, rep, string, max)
```

参数含义如下。

pattern：正则表达式。

rep：想要的目标字符串。

string：源字符串。

max：最多可替换的次数，若忽略，则将符合条件的字符串全部替换。

re.sub()函数的使用示例如下：

```
import re
str='wwsafw.runoonadfanoonsbjlnoonjllknlnoonjlkjlnoon.com'
pattern='.noon.'
#全部替换
res1=re.sub(pattern, '|**|', str)
#替换两次
res2=re.sub(pattern, '|**|', str, 2)
print(res1)
print(res2)
```

re.sub()函数的匹配结果如图 2-6 所示。

```
wwsafw.r|**|df|**|bj|**|llkn|**|lkj|**|com
wwsafw.r|**|df|**|bjlnoonjllknlnoonjlkjlnoon.com
```

图 2-6　re.sub()函数的匹配结果

2.2.6　代理的使用

在抓取数据的过程中经常会遇到这样的情况：最初爬虫能正常运行，能正常抓取数据，然而过一段时间就出现了错误，如"403 Forbidden"，这时打开网页，可能会看到"您的 IP 访问频率太高"这样的提示。出现这种情况的原因是网站采取了一些反爬虫的措施。例如，服务器会检测某个 IP 在单位时间内的请求次数，如果超过了某个阈值，就会直接拒绝服务，返回一些错误信息，这种情况通常又被称为封 IP。

既然服务器检测的是某个 IP 在单位时间内的请求次数，那么借助某种方式来隐藏真实 IP，让服务器识别不出是由本机发起的请求，不就可以成功防止封 IP 了吗？

想要隐藏真实 IP，一种有效的方式是使用代理，后面会详细介绍代理的用法。在这之前，需要先了解代理的基本原理，了解它是怎样实现 IP 伪装的。

1. 代理的基本原理

代理实际上指的就是代理服务器（Proxy Server），它的功能是代理网络用户去取得网络信息。形象地说，它是网络信息的中转站。在客户端正常请求一个网站时，是向 Web 服务器发送了请求，Web 服务器把响应传回给客户端。设置了代理服务器，实际上就是在客户端和服务器之间搭建了一座桥，此时客户端不会直接向 Web 服务器发送请求，而是向代理服务器发送请求，然后代理服务器把请求发送给 Web 服务器，接着代理服务器把 Web 服务器返回的响应转发给客户端。这样同样可以正常访问网页，但在这个过程中 Web 服务器识别出的 IP 就不再是客户端的 IP 了，从而成功实现了 IP 隐藏真实，这就是代理的基本原理。

2. 代理的作用

代理有什么作用呢？简单来讲，代理有以下作用。

（1）突破自身 IP 访问的限制。

（2）访问一些单位或团体的内部资源。例如使用教育网内地址段免费代理服务器，就可以对教育网开放的各类 FTP 文件进行下载与上传，以及共享各类资料。

（3）提高访问速度。通常代理服务器都设置了一个较大的硬盘缓冲区，当有外界的信息通过时，会将信息保存到缓冲区中，当其他用户再访问相同的信息时，会直接从缓冲区中取出信息传给用户，以提高访问速度。

（4）隐藏真实 IP。客户端可以通过这种方法隐藏自己的 IP，以免受到攻击。

3. 代理的分类

（1）根据协议区分。

根据代理的协议，代理可以分为以下几个类别。

① FTP 代理：主要用于访问 FTP 服务器，一般有上传、下载及缓存功能，端口一般为 21、2121 等。

② HTTP 代理：主要用于访问网页，一般有内容过滤和缓存功能，端口一般为 80、8080、

3128 等。

③ SSL/TLS 代理：主要用于访问加密网站，一般有 SSL 或 TLS 加密功能（最高支持 128 位的加密强度），端口一般为 443。

④ RTSP 代理：主要用于访问 Real 流媒体服务器，一般有缓存功能，端口一般为 554。

⑤ Telnet 代理：主要用于进行 Telnet 远程控制，端口一般为 23。

⑥ POP3/SMTP 代理：主要用于以 POP3/SMTP 的方式收发邮件，一般有缓存功能，端口一般为 110/25。

⑦ SOCKS 代理：主要用于单纯地传输数据包，不关心具体协议和用法，所以速度快很多，一般有缓存功能，端口一般为 1080；SOCKS 代理又分为 SOCKS4 和 SOCKS5，前者只支持 TCP，而后者支持 TCP 和 UDP，还支持各种身份验证机制、服务器域名解析等；简单来说，SOCKS4 能做到的 SOCKS5 都可以做到，但 SOCKS5 能做到的 SOCKS4 不一定能做到。

（2）根据匿名程度区分。

根据代理的匿名程度，代理可以分为以下几个类别。

① 高度匿名代理：会将数据包原封不动地转发，在服务器看来就好像真的是一个普通客户端在访问，而记录的 IP 是代理服务器的 IP。

② 普通匿名代理：会在数据包上做一些改动，服务器有可能会发现这是个代理服务器，也有一定的概率会追查到客户端的真实 IP；代理服务器通常会加入的 HTTP 请求头有 HTTP_VIA 和 HTTP_X_FORWARDED_FOR。

③ 透明代理：不仅改动了数据包，还会告诉服务器客户端的真实 IP。这种代理除了能用缓存技术提高浏览速度，能用内容过滤提高安全性之外，并无其他显著作用，最常见的例子是内网中的硬件防火墙。

④ "间谍"代理：指用组织或个人创建的用于记录用户传输的数据的代理服务器。

2.2.7　使用 Cookie 登录

由于 HTTP 无记忆性，例如登录淘宝网站的浏览记录是不能直接记忆下来的，为解决这个问题，诞生了 Cookie 和 Session 机制。

第一次登录网站后，短时间内再次打开此网站，会发现系统已经保存了 Cookie，因此不用再重新登录。然而时间长了 Cookie 会失效，就需要重新登录了。所以通过网页捕获 Cookie 就可以实现自动登录。

按 F12 键，打开浏览器控制台，单击"Network""Headers"就可以看见 Cookie 信息，如图 2-7 所示。

利用从浏览器获取的 Cookie 信息就可以实现自动登录，示例代码如下：

```
from urllib import request
if __name__ == '__main__':
    url = "http://www.renren.com/3247429/profile"
    headers = {
        # Cookie 值从浏览器中复制
        "Cookie": "cookie 值"
    }
```

```
req = request.Request(url=url,headers=headers)
rsp = request.urlopen(req)
html = rsp.read().decode()
with open("rsp.html","w",encoding="utf-8")as f:
    print(html)
    f.write(html)
```

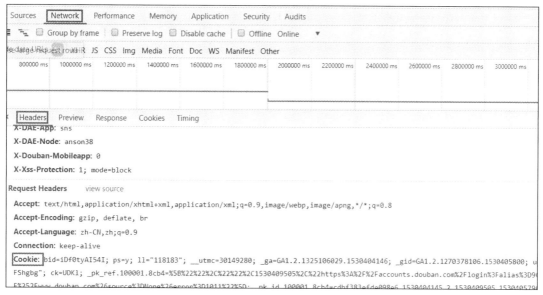

图 2-7　网页 Cookie 信息

2.3　解析库的使用

2.3.1　使用 BeautifulSoup 解析网页

BeautifulSoup 是一个可以从 HTML 或 XML 文件中提取数据的 Python 库，它能够通过转换器实现惯用文档的导航、查找、修改。使用 BeautifulSoup 可以大大节省工作时间。BeautifulSoup 目前有 3 和 4 两个版本， 3 已经停止开发，所以下面介绍 BeautifulSoup 4。

（1）安装 BeautifulSoup 4。

按 Win+R 组合键，在"运行"对话框中输入 cmd 并确定，执行下面的命令行安装 BeautifulSoup 4：

```
pip install beautifulsoup4
```

（2）BeautifulSoup 解析器。

HTML 相当于一个标签树，所以 BeautifulSoup 库相当于一个解析、遍历、维护标签树的功能库。

BeautifulSoup 库的常用解析器如表 2-7 所示。

表 2-7 BeautifulSoup 库的常用解析器

解析器	使用方法	条件
BS4 的 HTML 解析器	BeautifulSoup(mk,'html.parser')	安装 BS4 库
lxml 的 HTML 解析器	BeautifulSoup(mk,'lxml')	pip install lxml
lxml 的 XML 解析器	BeautifulSoup(mk,'xml')	pip install lxml
html5lib 的解析器	BeautifulSoup(mk,'html5lib')	pip install html5lib

（3）HTML 内容的遍历方法。

① 标签树的下行遍历。

.contents：子节点的列表，将含有<tag>标签的所有子节点存入列表。

.children：子节点的迭代类型，与.contents 类似，用于循环遍历子节点。

.descendants：子孙节点的迭代类型，包含所有子孙节点，用于循环遍历。

② 标签树的上行遍历。

.parent：节点的父标签。

.parents：节点先辈标签的迭代类型，用于循环遍历先辈节点。

③ 标签树的平行遍历。

.next_sibling：返回按照 HTML 文本顺序的下一个平行节点标签。

.previous_sibling：返回按照 HTML 文本顺序的上一个平行节点标签。

.next_siblings：迭代类型，返回按照 HTML 文本顺序的后续所有平行节点标签。

.previous_siblings：迭代类型，返回按照 HTML 文本顺序的前续所有平行节点标签。

（4）基本元素。

Tag：标签，最基本的信息组织单元，用<>和</>标明开头和结尾。

Name：标签的名字，如<p>...</p>的名字是 "p"，格式为<tag>.name。

Attributes：标签的属性，字典形式组织，格式为<tag>.attrs。

NavigableString：标签内的非属性字符串，即<></>中的字符串，格式为<tag>.string。

Comment：标签内字符串的注释部分，一种特殊的 Comment 类型。

（5）获取标签节点信息的方法如表 2-8 所示。

表 2-8 获取标签节点信息的方法

方法	说明
<>.find()	搜索且只返回一个结果，为字符串类型，同.find_all()参数
<>.find_parents()	在先辈节点中搜索，返回列表类型的结果，同.find_all()参数
<>.find_parent()	在先辈节点中返回一个结果，为字符串类型，同.find_all()参数
<>.find_next_siblings()	在后续平行节点中搜索，返回列表类型的结果，同.find_all()参数
<>.find_next_sibling()	在后续平行节点中返回一个结果，为字符串类型，同.find_all()参数
<>.find_previous_siblings()	在前续平行节点中搜索，返回列表类型的结果，同.find_all()参数
<>.find_previous_sibling()	在前续平行节点中返回一个结果，为字符串类型，同.find_all()参数

2.3.2　使用 XPath 处理 HTML

在进行网页抓取时，分析定位 HTML 节点是获取抓取信息的关键。目前较常用的是 lxml 模块（用来分析 XML 文档结构，当然也能分析 HTML 结构），利用其 lxml.html 的 XPath 对 HTML 进行分析，获取抓取信息。

（1）安装一个支持 XPath 的 Python 库。

```
pip install lxml
```

（2）XPath 常用规则。

基本上是用一种类似目录树的方法来描述 XML 文档中的路径，XPath 的目录树如表 2-9 所示。

表 2-9　　　　　　　　　　　　　　　　XPath 的目录树

表达式	描述
nodename	选取当前节点的所有子节点
/	从当前节点选取直接子节点
//	从当前节点选取子孙节点
.	选取当前节点
..	选取当前节点的父节点
@	选取属性

例如，用/来分隔上下层级。第一个/表示文档的根节点（注意，不是指文档最外层的标签节点，而是指文档本身）。又如，对一个 HTML 文件来说，最外层的节点应该是/html。示例代码如下：

```
from lxml import etree

html1 = '''
<div>
<ul class='first-ul'>
<li class='first-li'>
<a href='http://www.runoob.com'>baidu</a>
<a href='http://www.ryjiaoyu.com'>netease</a>
</li>
</ul>
</div>
'''

etree_html = etree.HTML(html1) #自动补全网页格式，并解析为 XPath 能解析的命令
result = etree.tostring(etree_html) #查看自动补全后的网页

"""
/ 提取子节点
// 提取子孙节点
.. 提取父节点
```

```
"""
result_0 = etree_html.xpath('//ul//a') #查找 ul 的间接子孙节点 a
result_1 = etree_html.xpath('//li[@class="first_li"]') #查找 class 为 first_li 的节点
result_2 = etree_html.xpath('//ul/li') #查找 ul 下的直接子节点 li
result_3 = etree_html.xpath('//ul/..') #查找 ul 的父节点 div
result_4 = etree_html.xpath('//ul//a/text()') #提取文本信息
result_5 = etree_html.xpath('//ul//a/@href') #提取属性信息

print(result_0)
print(result_1)
print(result_2)
print(result_3)
print(result_4)
print(result_5)
```

代码执行结果如图 2-8 所示。

```
[<Element a at 0x1f9ecc42a88>, <Element a at 0x1f9ecc42b48>]
[<Element li at 0x1f9eccea988>]
[<Element li at 0x1f9eccea988>]
[<Element div at 0x1f9eccea9c8>]
['baidu', 'netease']
['http://www.runoob .com', 'http://www.ryjiaoyu .com']
```

图 2-8　XPath 代码抓取节点的结果

另外，在浏览器中有直接获取 XPath 的方法：按 F12 键，打开浏览器控制台，找到对应的标签，在标签上单击鼠标右键，选择"Copy XPath"命令，即可复制 XPath，如图 2-9 所示。

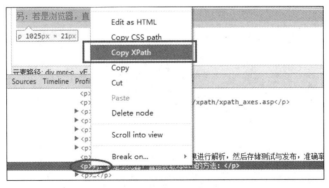

图 2-9　获取 XPath

2.4　数据存储

用解析器解析出数据之后，接下来就需要存储数据了。数据的保存形式多种多样，最简单的形式是直接将数据保存为文本文件，如 TXT、JSON、CSV 等格式文件。

另外，还可以将数据保存到数据库中，如关系数据库 MySQL、SQLite、Oracle、DB2 等，非关系数据库 MongoDB、Redis 等。本节将主要对常用的 JSON、CSV 格式与关系数据库 MySQL 进行讲解。

2.4.1 将数据存储为 JSON 格式

1. 读取 JSON 格式的数据

Python 提供了简单易用的 JSON 库来实现对 JSON 格式文件的读写操作，我们可以调用 JSON 库的 loads()方法将文本字符串转换为 JSON 对象，调用 dumps()方法将 JSON 对象转换为文本字符串。

例如，这里有一段 JSON 格式的字符串，它是 str 类型的，用 Python 将其转换为可操作的数据结构，如列表或字典，代码如下：

```
import json
str='''
[{
    "name":"Bob",
    "gender":"male",
    "birthday":"1992-02-21"
    },
    {
    "name":"Selian",
    "gender":"female",
    "birthday":"1994-04-12"
    }]
    '''
print(type(str))
data=json.loads(str)
print(data)
print(type(data))
```

运行结果如图 2-10 所示。

```
<class 'str'>
[{'name': 'Bob', 'gender': 'male', 'birthday': '1992-02-21'}, {'name': 'Selian', 'gender': 'female', 'birthday': '1994-04-12'}]
<class 'list'>
```

图 2-10　运行结果

上例中使用 loads()方法将字符串转换为 JSON 对象。由于最外层是方括号，所以最终的类型是列表类型。

经过转换后，我们就可以用索引来获取对应的内容了。例如，如果想获取第一个元素里的 name 属性，就可以使用如下代码：

```
data[0]['name']
data[0].get('name')
```

上述代码运行得到的结果都是 Bob。通过方括号加 0 索引，可以得到第一个字典元素，然后再调用其键名即可得到相应的键值。获取键值有两种方式，一种是方括号加键名，另一种是通过 get()方法传入键名。这里推荐使用 get()方法，如果键名不存在，会返回 None。另外，用 get()方法还可以传入第二个参数（即默认值），示例代码如下：

```
data[0]['age']
data[0].get('age',25)
```

运行结果如下：

```
None
25
```

这里尝试获取年龄 age，在原字典中该键名并不存在，此时默认会返回 None。如果传入第二个参数（即默认值），那么在键名不存在的情况下会返回该默认值。

值得注意的是，JSON 格式的数据需要用双引号引起来，而不能用单引号。例如，使用如下形式表示会出现错误：

```
import json

str='''
[{
    'name':'Bob',
    'gender':'male',
    'birthday':'1992-02-21'
    }]
    '''
data=json.loads(str)
```

运行结果如图 2-11 所示。

```
json.decoder.JSONDecodeError: Expecting property name enclosed in double quotes: line 3 column 5 (char 8)
```

图 2-11 运行出错

这里出现了 JSON 解析错误的提示，因为这里的数据是用单引号引起来的。一定要注意，JSON 格式数据的表示需要用双引号，否则使用 loads()方法解析会失败：

```
import json

with open('data.json', 'r') as file:
    str=file.read()
    data=json.loads(str)
    print(data)
```

2. 存储 JSON 格式的数据

在读取 JSON 格式的数据后，需要考虑如何存储 JSON 格式的数据。我们可以使用 dumps()方法将 JSON 对象转化为字符串，再使用 write()方法将数据写入 JSON 文件。下面是将数据写入JSON 文件的代码：

```
import json

str=[{
    'name':'Bob',
    'gender':'male',
```

```
        'birthday':'1992-02-21'
        }]
with open('data.json', 'w') as file:
    file.write(json.dumps(str))
```

如果想将文件保存为 JSON 格式，那么只需要在 dumps()方法中添加 indent 参数，参数值代表缩进的字符长度。代码如下：

```
import json

str=[{
    'name':'Bob',
    'gender':'male',
    'birthday':'1992-02-21'
    }]#
with open('data.json', 'w') as file:
    file.write(json.dumps(str,indent=4))
```

在上面的代码中使用的都是英文或数字表达，如果要保存为中文，会因为编码问题而保存失败。中文编码是 Unicode，因此还需要在 dumps()方法中补充参数 ensure_ascii，并将参数值指定为False：

```
import json

str=[{
    'name':'张三',
    'gender':'女',
    'birthday':'1992-02-21'
    }]#
with open('data.json', 'w') as file:
    file.write(json.dumps(str,indent=4,ensure_ascii=False))
```

2.4.2　将数据存储为 CSV 格式

1. 读取 CSV 格式的数据

Python 提供了简单易用的 CSV 库来实现 CSV 文件的读写操作，我们可以调用 CSV 库的 reader()方法来读取 CSV 数据，代码如下：

```
import csv

with open('datacsv.csv', 'r', encoding='utf-8') as file:
    reader=csv.reader(file)
    for i in reader:
        print(i)
```

这里调用 CSV 库的 reader()方法构造了一个 reader 对象，通过 for 循环遍历出了 CSV 文件的每行内容。如果 CSV 文件的数据中含有中文，则需要指定 encoding 参数，否则读取的数据会是乱码。

上面只调用了 CSV 库的方法，如果学习了 Pandas 等科学库，则可以调用 read_csv()方法读取 CSV 文件中的数据。

2. 存储 CSV 格式的数据

在读取 CSV 数据后，需要考虑如何存储 CSV 格式的数据，常用 CSV 库中的 writer()方法，示例代码如下：

```
import csv

with open('datacsv.csv', 'w') as file:
    writer=csv.writer(file)
    writer.writerow(['id', 'name', 'age'])
    writer.writerow(['12', 'lisi', '23'])
    writer.writerow(['32', 'bob', '12'])
    writer.writerow(['45', 'sily', '32'])
```

打开 CSV 文件，并获得写入文件的权限，然后调用 CSV 库中的 writer()方法初始化写入对象，再调用 writerow()方法写入每行的数据，完成数据的存储。

打开 datacsv.csv 文件后发现，数据之间默认是用逗号分隔的。前面介绍过，CSV 数据字段间的分隔符是其他字符或字符串，最常见的是逗号或制表符，我们可以修改数据字段间的分隔符，在 writer()方法中添加 delimiter 参数，示例代码如下：

```
import csv
with open('datacsv.csv', 'w') as file:
    writer=csv.writer(file,delimiter='-')
    writer.writerow(['id', 'name', 'age'])
    writer.writerow(['12', 'lisi', '23'])
    writer.writerow(['32', 'bob', '12'])
    writer.writerow(['45', 'sily', '32'])
```

再次打开 datacsv.csv 文件，可以看到数据字段间的分隔符变为-。

此外，我们也可以使用 writerows()方法一次写入多行数据，此时的参数就需要是二维列表，示例代码如下：

```
import csv
with open('datacsv.csv', 'w') as file:
    writer=csv.writer(file,delimiter='-')
    writer.writerow(['id', 'name', 'age'])
    writer.writerows([['12', 'lisi', '23'],['32', 'bob', '12'],['45', 'sily', '32']])
```

上面的数据是手动输入的，在实际中获取的都是结构化数据，通常会用字典来表示。用 names 定义 3 个排头字段，然后使用 DictWriter()方法初始化一个字典对象，再调用 writeheader()方法写入排头信息，最后使用 writerow()方法写入每行的字典信息，示例代码如下：

```
import csv

with open('datacsv.csv', 'w') as file:
    names=['id', 'name', 'age']
    writer=csv.DictWriter(file, fieldnames=names)
    writer.writeheader()
    writer.writerow({'id':'324324', 'name':'kety', 'age':23})
    writer.writerow({'id':'221423', 'name':'modiy', 'age':43})
    writer.writerow({'id':'254532', 'name':'asaki', 'age':21})
```

与 JSON 文件相同，在 CSV 文件中写入中文内容可能会因为编码问题而导致保存失败或保存的是乱码。因此，需要给 open() 方法添加 encoding 参数并指定编码格式，示例代码如下：

```
import csv

with open('datacsv.csv', 'a', encoding='utf-8') as file:
    names=['id', 'name', 'age']
    writer=csv.DictWriter(file, fieldnames=names)
    writer.writeheader()
    writer.writerow({'id':'324324', 'name':'李响', 'age':23})
    writer.writerow({'id':'221423', 'name':'王素', 'age':43})
    writer.writerow({'id':'254532', 'name':'司空', 'age':21})
```

这里只调用了 CSV 库的方法，如果学习了 Pandas 等科学库，可以调用 to_csv() 方法把数据写入 CSV 文件。

2.4.3　将数据存储到 MySQL 数据库中

本节的开头提到可以将数据保存到数据库中，常用的关系数据库有 MySQL、SQLite、Oracle、DB2 等，非关系数据库有 MongoDB、Redis 等。本小节将简单介绍如何把抓取的数据存储到关系数据库 MySQL 中。

1. 创建 MySQL 数据库

在创建 MySQL 数据库之前，需要提前安装 MySQL 数据库，在这里就不详细讲解安装过程了。如果想将数据存入数据库中，就需要用到数据库中的表，所以先创建一个名为 spiders 的数据库，示例代码如下：

```
import pymysql

db=pymysql.connect(host='localhost', user='root', password='123456', port=3306)
cursor=db.cursor()
cursor.execute('select version()')
data=cursor.fetchone()
print('Database version:', data)
cursor.execute('create database spiders default character set utf-8')
db.close()
```

运行结果如图 2-12 所示，表明名叫 spiders 的数据库创建成功。

这里通过 pymysql.connect() 方法声明了一个 MySQL 连接对象，同时传入 host 参数。因为是在本地运行，所以传入的是 localhost。如果是在远程运行，那么需要传入其 IP 地址。连接成功后，需要调用 cursor() 方法创建一个操作游标，用来执行 SQL 语句。然后调用 execute() 方法，执行方法中的 SQL 语句，最后调用 close() 方法关闭操作游标。

```
Database version: ('5.7.20-log',)

Process finished with exit code 0
```
图 2-12　成功创建数据库

2. 创建表

数据库创建好后，接下来就需要创建表了。创建表的代码与创建数据库的代码类似，将创建数据库的 SQL 语句换成创建表的 SQL 语句即可，示例代码如下：

```
import pymysql
db=pymysql.connect(host='localhost',user='root', password='123456', port=3306,
db='spiders')
cursor=db.cursor()
sql='create table if not exists students (id varchar(255) not null ,name varchar(255)
not null ,age int not null ,primary key(id))'
cursor.execute(sql)
db.close()
```

在数据库中查看，可以发现表创建成功了。

3. 插入数据

创建表后，就可以向表中插入数据了。例如向表中插入一个学生信息，示例代码如下：

```
import pymysql
id='1234325'
name='lili'
age='20'
db=pymysql.connect(host='localhost',user='root', password='123456', port=3306,
db='spiders')
cursor=db.cursor()
sql='insert into students(id, name, age) values (%s, %s, %s)'
try:
    cursor.execute(sql, (id, name, age))
    db.commit()
except:
    db.rollback()
db.close()
```

这里先构造了一个 SQL 语句，execute()方法中的第一个参数传入 SQL 语句，value 值采用元组传递。这样可以避免字符串拼接的麻烦和拼接时引号冲突的问题。

commit()方法用于将执行语句的内容提交到数据库中。数据的插入、更新、删除最后都需要调用该方法，这样执行语句的内容才能有效提交到数据库中。

调用 rollback()方法，当遇见异常时，数据库会回到上次调用 commit()方法的状态，因此何时调用 commit()方法需要读者斟酌。

4. 更新数据

更新数据的操作实际上也是在执行 SQL 语句，最简单的方法就是构造一个 SQL 语句，然后调用 execute()方法来执行，示例代码如下：

```
import pymysql
db=pymysql.connect(host='localhost',user='root', password='123456', port=3306,
db='spiders')
cursor=db.cursor()
sql='update students set age=%s where name=%s'
try:
    cursor.execute(sql, (25, 'Wangwu'))
    db.commit()
except:
    db.rollback()
db.close()
```

这里同样先构造了 SQL 语句，然后调用 execute()方法。execute()方法的第一个参数传入 SQL 语句，value 值采用元组传递。如没有异常则调用 commit()方法，如有异常则调用 rollback()方法。

5．删除数据

删除数据操作实际上就是直接执行 SQL 的 delete 语句，指定删除的目标表名、删除条件，最后无异常则调用 commit()方法，有异常则调用 rollback()方法，示例代码如下：

```
import pymysql
db=pymysql.connect(host='localhost',user='root', password='sjy147hhxxttxs', port=3306,
db='spiders')
cursor=db.cursor()
table='students'
con='age>18'
sql='delete form {table} where {con}'.format(table=table, con=con)
try:
    cursor.execute(sql)
    db.commit()
except:
    db.rollback()
db.close()
```

6．查询数据

查询数据的代码与插入、更新、删除数据的代码大同小异，主要通过 SQL 语句查询，调用 fetchone()、fetchall()方法取出数据，示例代码如下：

```
import pymysql
db=pymysql.connect(host='localhost',user='root',password='123456',port=3306,
db='spiders')
cursor = db.cursor()
sql = 'select* from students where age>10'
try:
    cursor.execute(sql)
    print('count:', cursor.rowcount)
    one = cursor.fetchone()
    print('first:', one)
    res = cursor.fetchall()
    print('res:', res)
    print('type:', type(res))
    for row in res:
        print(row)
except:
    print('error')
```

运行结果如图 2-13 所示。

```
count: 3
first: ('1234325', 'lili', 20)
res: (('1346354', 'bob', 22), ('5434325', 'zhangsan', 22))
type: <class 'tuple'>
('1346354', 'bob', 22)
('5434325', 'zhangsan', 22)
```

图 2-13　取出数据结果

查询数据操作并未对数据库进行增删改，因此不需要调用 commit() 方法递交事务，不需要调用 rollback() 方法回滚事务。这里需要注意的是，调用 fetchall() 方法显示了两条数据，因为它的内部实现有一个偏移指针来指向查询结果，最开始指针指向第一条数据，调用 fetchone() 方法后指向第二条数据，所以调用 fetchall() 方法返回的会是所有数据。

习　　题

（1）简述 JSON、CSV 数据格式分别是什么样的。

（2）简述通用网络爬虫的流程。

（3）写出核对电话号码的正则表达式。

（4）如何使用代理？

（5）把数据存储到 MySQL 数据库中，创建表和增删改查数据的主要方法分别是什么？

第3章
数据采集进阶

数据采集进阶

学习目标

- 了解 AJAX 数据抓取的原理
- 掌握使用 Selenium 抓取数据的方法
- 了解常用的爬虫框架
- 掌握 Scrapy 框架的安装方法与基本应用

学习了数据采集和预处理的基础知识后,就能够抓取到一些静态网页的数据信息。但是随着前后端的分离,越来越多的网站使用了异步方式显示数据,原来的方法已不能满足现在的需求。本章将介绍 AJAX 数据的抓取,讲解如何使用 Selenium 抓取动态渲染页面,同时讲解爬虫框架,尤其是 Scrapy 爬虫框架。

3.1 AJAX 数据的抓取

随着网站开发技术的不断发展,大多数网站已经从原来的静态网站发展为动态网站,其中 AJAX 技术的应用是必不可少的。那么什么是 AJAX?它有什么特点?这些问题是我们先要了解的。

3.1.1 什么是 AJAX

AJAX 即 Asynchronous Javascript And XML,是指一种创建交互式、快速动态网页的网页开发技术,是一种无须重新加载整个网页就能够更新部分网页的技术。

那么数据怎么传输呢?数据是通过 AJAX 加载而来的,这是一种异步加载方式,原始页面最初不会包含某些数据,当原始页面加载完后,会再向服务器请求某个接口以获取数据,然后数据才会被处理从而呈现到网页上,这其实就是发送了一个 AJAX 请求。网页的原始 HTML 文档不会包含某些数据,数据是通过 AJAX 统一加载后再呈现的,这样在 Web 开发上可以做到前后端分离,而且可以减轻服务器直接渲染页面的压力。图 3-1 所示为 AJAX 请求数据的过程。

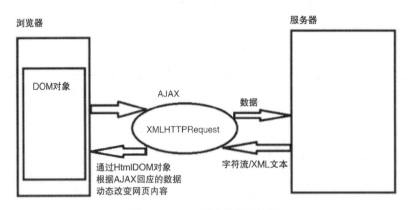

图 3-1　AJAX 请求数据的过程

3.1.2　为什么要学习 AJAX

我们在使用 requests 库抓取页面时，得到的结果可能和浏览器中看到的不一样。在浏览器中可以看到正常显示的页面数据，但是使用 requests 库抓取得到的结果并没有相应数据。这是因为用 requests 库获取的都是原始的 HTML 文档，而浏览器中的页面是经过 JavaScript 处理数据后生成的，这些数据的来源有多种，可能是通过 AJAX 加载的，可能是包含在 HTML 文档中的，也可能是经过 JavaScript 和特定算法计算后生成的。

对于第一种情况，数据加载是一种异步加载方式，原始页面最初不会包含某些数据，原始页面加载完后，会再向服务器请求某个接口以获取数据，然后数据才会被处理，从而呈现到网页上，这其实就是发送了一个 AJAX 请求。所以如果遇到这样的页面，如豆瓣电影剧情片排行榜，如图 3-2 所示，直接利用 requests 等库来抓取原始页面是无法获取有效数据的，如图 3-3 所示。这时需要分析网页后台向接口发送的 AJAX 请求，如果可以用 requests 库来模拟 AJAX 请求，就可以成功抓取。

图 3-2　豆瓣电影剧情片排行榜

下载豆瓣客户端

豆瓣

扫码直接下载

iPhone · Android

豆瓣

读书

电影

音乐

同城

小组

阅读

FM

时间

豆品

豆瓣电影

搜索：

搜索电影、电视剧、综艺、丨

搜索

影讯&购票

选电影

电视剧

排行榜

影评

图 3-3　直接抓取的数据在网页中的显示结果

3.1.3　怎样抓取 AJAX 数据

通过前面的学习，我们已经基本了解了 AJAX 的工作原理，接下来将介绍如何抓取 AJAX 异步请求到的数据。获取 AJAX 数据有两种方法，一种是通过浏览器的审查元素来获取解析地址，另一种是用 Selenium 模拟浏览器来抓取。本小节将介绍第一种方法。

（1）用 Chrome 浏览器打开"豆瓣电影分类排行榜-剧情片"网页（本书对该网页的各项操作的截图来自作者编写时对网页的抓取，仅供学习本书知识使用，不具任何参考价值，网页动态变化中，再次操作后结果可能有所变化），按 F12 键或者在页面空白处单击鼠标右键，在弹出的快捷菜单中选择"检查"命令，得到图 3-4 所示的检查页面元素窗口。

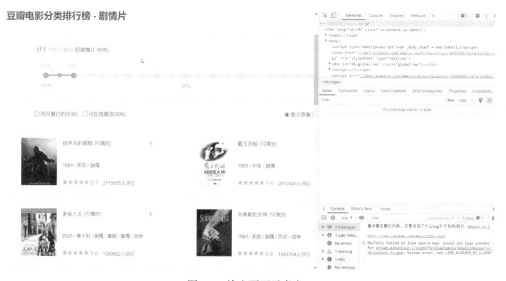

图 3-4　检查页面元素窗口

（2）找到数据的真实地址，单击页面中的"Network"选项卡，然后刷新网页。此时，"Network"选项卡中会显示浏览器从网页服务器中得到的所有文件，一般称这个过程为"抓包"。因为所有文件已经显示出来了，所以需要的电影排行数据一定在里面。数据的格式一般为 JSON 格式。单击"Network"选项卡中的"XHR"选项，找到存放数据的真实地址，如图 3-5 所示，单击"Preview"标签即可查看数据，如图 3-6 所示。

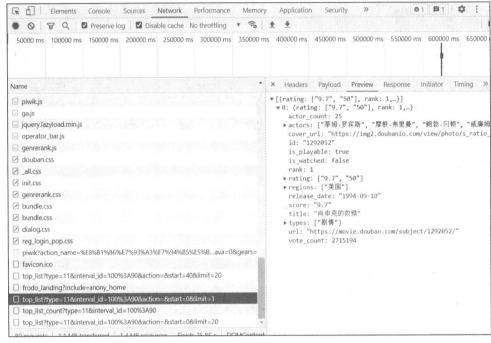

图 3-5　找到存放数据的真实地址

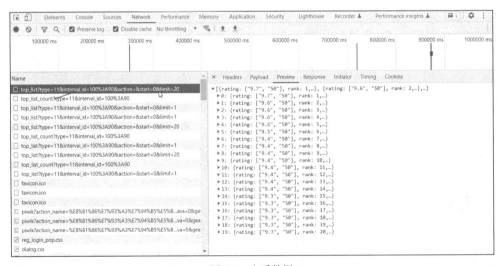

图 3-6　查看数据

（3）知道存放数据的真实地址后，就可以用 request 请求这个地址来获取数据了，示例代码如下：

```python
import urllib.request,urllib.error
# 定义主函数
def main():
    url=
"https://movie.douban.com/j/chart/top_list?type=11&interval_id=100%3A90&action=&start=0&limit=20"
    askURL(url)
# 发送请求，获取响应
def askURL(url):
    head = {
        'User-Agent' : 'Mozilla/5.0 (Windows NT 10.0; Win64; x64; rv:84.0) Gecko/20100101 Firefox/84.0'
    }
# 通过请求函数给它一个请求头
    request = urllib.request.Request(url, headers=head, method='GET')
    html = ""
    try:
        response = urllib.request.urlopen(request)
        html = response.read().decode('utf-8')
        print(html)
    except urllib.error.URLError as e:
        if hasattr(e,"code"):
            print(e.code)
        if hasattr(e,"reason"):
            print(e.reason)
    return html
if __name__ == '__main__':
    main()
```

运行上述代码，得到的结果如图 3-7 所示。

图 3-7　抓取到的动态网页信息

综上所述，抓取豆瓣电影分类排行榜这种用 AJAX 加载的网页时，从网页源代码中是找不到想要的数据的。需要用浏览器的审查元素找到数据的真实地址，一般情况下，随着网站页面的不断加载，网站会不停地向后台请求数据，找到数据的格式是 XHR 形式，通过观察来找到规律，从而抓取需要的动态网页的信息，如图 3-8 所示。

Name	Status	Type ▲	Initiator	Size	Ti	Waterfall
dialog.js	200	script	typerank?type_n...	2.5 kB	00...	
piwik.js	200	script	typerank?type_n...	12.2 kB	77...	
ga.js	200	script	typerank?type_n...	17.2 kB	11...	
jquery.lazyload.min.js	200	script	VM1201 do.js:1	1.3 kB	12...	
operator_bar.js	200	script	VM1201 do.js:1	1.8 kB	63...	
genrerank.js	200	script	VM1201 do.js:1	2.0 kB	78...	
douban.css	200	stylesheet	typerank?type_n...	32.4 kB	23...	
_all.css	200	stylesheet	typerank?type_n...	6.3 kB	79...	
init.css	200	stylesheet	typerank?type_n...	588 B	79...	
genrerank.css	200	stylesheet	typerank?type_n...	1.8 kB	12...	
bundle.css	200	stylesheet	typerank?type_n...	3.2 kB	18...	
bundle.css	200	stylesheet	typerank?type_n...	2.3 kB	18...	
dialog.css	200	stylesheet	typerank?type_n...	850 B	81...	
reg_login_pop.css	200	stylesheet	typerank?type_n...	500 B	80...	
piwik?action_name=%E8%B1%8...	200	text/plain	piwik.js:10	183 B	22...	
favicon.ico	200	x-icon	Other	6.0 kB	62...	
top_list?type=11&interval_id=1...	200	xhr	jquery.js:3	1.1 kB	10...	
top_list_count?type=11&interval...	200	xhr	jquery.js:3	565 B	82...	
top_list?type=11&interval_id=1...	200	xhr	jquery.js:3	7.3 kB	99...	

图 3-8 抓取动态网页的信息

3.2 使用 Selenium 抓取动态渲染页面

在抓取过程中，有一些动态渲染的页面是请求不到数据的。对于这样的网页有两种处理方法：一是可以分析 AJAX 请求，分析 AJAX 参数发现其规律，自行模拟 AJAX 请求；二是如果通过 AJAX 参数无法发现其规律，可以利用 Selenium 来模拟浏览器，即通过 Selenium 和 chromedriver 利用代码来模拟用户在浏览器上的各种交互。

这样就可以直接抓取在浏览器中看到的数据，即"所见即所得"，此时我们不用再去关心网页中 JavaScript 使用了什么算法或者结构来进行页面的渲染。Python 提供了许多模拟浏览器运行的库，如 Selenium、Splash、PyV8、Ghost 等。本节将主要讲解如何使用 Selenium 抓取动态渲染页面。

3.2.1 Selenium 的基本介绍与安装方法

Selenium 是一个自动化测试工具，支持的浏览器包括 IE（7、8、9、10、11）、Mozilla Firefox、Safari、Google Chrome、Opera、Edge 等。利用 Selenium 可以模拟手动操作浏览器来执行一些特定的动作，如单击、下拉页面，填充数据等，同时还可以获取浏览器当前呈现的页面的源代码，做到"可见即可抓"。下面介绍与 Selenium 一起使用的工具及它们的安装方法。

（1）chromedriver 是一个驱动 Chrome 浏览器的驱动程序，使用它才可以驱动浏览器。当然不同的浏览器有不同的驱动程序。

为了方便之后使用不同的浏览器驱动程序，可以将所有浏览器驱动程序都放在同一个文件夹 BrowserDriver 下，如图 3-9 所示。这样可以为这些驱动程序配置环境变量，方便以后使用。

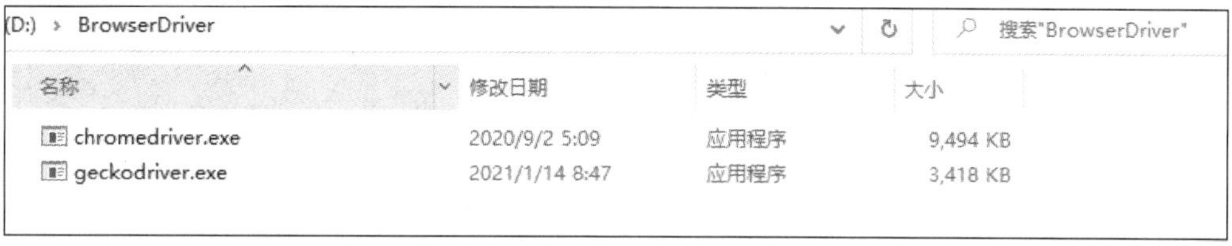

图 3-9　将所有浏览器驱动程序都放在 BrowserDriver 文件夹下

图 3-10 所示是为这些驱动程序配置环境变量，这样可以使其启动更加方便。在桌面的"此电脑"图标上单击鼠标右键，在弹出的快捷菜单中选择"属性"命令，在弹出的窗口中单击"高级系统设置"链接，在弹出的对话框中单击"环境变量"按钮，在"环境变量"对话框中找到系统变量中的 Path 并编辑，单击"新建"按钮，将驱动程序的文件夹路径添加进去。

图 3-10　为驱动程序配置环境变量

（2）安装 Selenium 包。打开命令提示符窗口，有两种安装方法：一种是输入 pip install selenium；另一种是输入 pip install Selenium -i https://pypi.tuna.tsinghua.edu.cn/simple/（清华大学的镜像），由于是国内地址，所以安装较快。同时也可以在 PyCharm 里面直接安装 Selenium 包，单击"File"选项，再单击"Settings"选项，会弹出图 3-11 所示的面板，然后单击右侧的加号，搜索并添加 Selenium 即可安装。

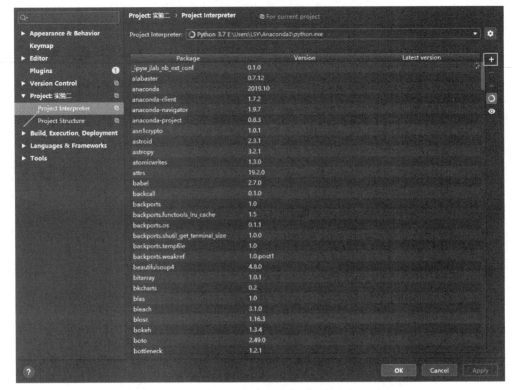

图 3-11　在 PyCharm 中安装 Selenium 包

（3）下面测试是否安装成功，在 PyCharm 中输入以下代码：

```
from selenium import webdriver
# 如果没有配置环境变量，要写驱动程序的位置
# driver = webdriver.Chrome(r'D:\Program Files\chromedriver.exe')
# 已经配置了环境变量
driver = webdriver.Chrome()
driver.get("https://www.ryjiaoyu.com")
```

如果能成功打开网页，则证明安装成功。

3.2.2　Selenium 的简单应用

通过前面的学习，我们已经基本掌握了关于 Selenium 的一些基础知识。下面通过 Selenium 来抓取上一节中豆瓣电影分类排行榜网页的数据，示例代码如下：

```
from selenium import webdriver
import time
# 初始化一个驱动程序，指定 Chrome 浏览器
driver = webdriver.Chrome()
# 请求豆瓣电影分类排行榜网页
driver.get("https://movie.douban.com/typerank?type_name=%E5%89%A7%E6%83%85&type=11&interval_id=100:90&action= ")
# 通过 page_source 获取网页源代码
# 要等它加载一段时间，才会有数据
```

```
time.sleep(5)
# 忽略非法字符再编译
print(driver.page_source.encode('GBK','ignore').decode('GBK'))
```

执行上面的代码，有时并不一定可以获得数据。这是因为 Selenium 只是模拟浏览器的行为，而浏览器解析页面是需要时间的，一些元素可能需要过一段时间才能加载出来。因此，为了保证所有元素都能被查看就必须等待，等待的方式有隐式等待和显式等待两种。

（1）隐式等待可以在 driver.get("xxx")前设置，针对所有元素有效。在上述代码 driver.get ("https://movie.douban.com/typerank?type_name=%E5%89%A7%E6%83%85&type=11&interval_id=100:90&action= ")前面添加 driver.implicitly_wait(10)：

```
from selenium import webdriver
import time
# 初始化一个驱动程序，指定 Chrome 浏览器
driver = webdriver.Chrome()
# 隐式等待:在查找所有元素时，如果尚未被加载，则等待 10 秒
driver.implicitly_wait(10)
# 请求豆瓣电影分类排行榜网页
driver.get("https://movie.douban.com/typerank?type_name=%E5%89%A7%E6%83%85&type=11&interval_id=100:90&action= ")
# 通过 page_source 获取网页源代码
# 要等它加载一段时间，才会有数据
time.sleep(5)
# 忽略非法字符再编译
print(driver.page_source.encode('GBK','ignore').decode('GBK'))
```

（2）显式等待可以在 driver.get("xxx")之后设置，只针对某个元素有效。可以指定某个条件，然后设置最长等待时间。如果在这个时间内没有找到指定元素，便抛出异常。

```
from selenium import webdriver
# By 是 Selenium 内置的一个类，在这个类中有各种方法来定位元素
from selenium.webdriver.common.by import By
# 显式等待
from selenium.webdriver.support.ui import WebDriverWait
from selenium.webdriver.support import expected_conditions as EC
# 时间超时的异常
from selenium.common.exceptions import TimeoutException
driver = webdriver. Chrome()
driver.get("https://movie.douban.com/typerank?type_name=%E5%89%A7%E6%83%85&type=11&interval_id=100:90&action=")
try:

    # 显式等待，By.ID 通过 id 属性定位
    element = WebDriverWait(driver, 10).until(
        EC.presence_of_element_located((By.ID, "footer"))
    )
except TimeoutException:
  print("已经超时")
```

```
finally:
    # 通过 page_source 获取网页源代码
    print(driver.page_source .encode('GBK','ignore').decode('GBK'))
    driver.quit()#关闭浏览器窗口
```

在上面的代码中定义了异常，在定义异常之前引入相关的包即可，如 from selenium.common. exceptions import XXX。其实 Selenium 中有很多异常，如表 3-1 所示，这里就不一一详细介绍了。

表 3-1   Selenium 中常用的异常

方法	描述	依据
NoSuchElementException	当选择器没有返回一个元素时，抛出异常	selenium.common.exceptions.WebDriverException
ElementNotVisibleException	当一个元素呈现在 DOM 树中时，它是不可见的，不能与之进行交互，抛出异常	selenium.common.exceptions.InvalidElementStateException
ElementNotSelectableException	当尝试选择不可选的元素时，抛出异常	selenium.common.exceptions.InvalidElementStateException
NoSuchFrameException	当切换的目标框架不存在时，抛出异常	selenium.common.exceptions.InvalidSwitchToTargetException
NoSuchWindowException	当切换的目标窗口不存在时，抛出异常	selenium.common.exceptions.InvalidSwitchToTargetException
NoSuchAttributeException	当找不到元素的属性时，抛出异常	selenium.common.exceptions.WebDriverException
TimeoutException	当命令没有足够的时间完成时，抛出异常	selenium.common.exceptions.WebDriverException
UnexpectedTagNameException	当支持类没有获得预期的 Web 元素时，抛出异常	selenium.common.exceptions.WebDriverException
NoAlertPresentException	当一个意外的警告出现时，抛出异常	selenium.common.exceptions.WebDriverException

此外，上面的代码中还用到了定位元素和显式等待的 WebDriverWait()方法，下面将介绍定位元素和显式等待的方法。

定位元素有很多种，这些元素有两种写法，此部分将在下一小节中讲解。显式等待的方法有很多，示例代码如下：

```
from selenium import webdriver
from selenium.webdriver.common.by import By
from selenium.webdriver.support import expected_conditions as EC
from selenium.webdriver.support.wait import WebDriverWait
# 准备 URL 及隐式等待
base_url = "http://www.baidu.com"
driver = webdriver.Chrome()
driver.implicitly_wait(5)
```

```
#隐式等待和显式等待都存在时，超时时间取二者中较大的
locator = (By.ID,'kw')
driver.get(base_url)
#判断title，返回布尔值
WebDriverWait(driver,10).until(EC.title_is(u"百度一下，你就知道"))
#判断title，返回布尔值
WebDriverWait(driver,10).until(EC.title_contains(u"百度一下"))
#判断某个元素是否被加到了DOM树中，并不代表该元素一定可见，如果定位到就返回WebElement
WebDriverWait(driver,10).until(EC.presence_of_element_located((By.ID,'kw')))
#判断某个元素是否被添加到了DOM中并且可见，可见代表元素可显示且宽和高都大于0
WebDriverWait(driver,10).until(EC.visibility_of_element_located((By.ID,'su')))
#判断元素是否可见，如果可见就返回这个元素
WebDriverWait(driver,10).until(EC.visibility_of(driver.find_element(by=By.ID,value
='kw')))
#判断是否至少有一个元素存在于DOM树中，如果定位到就返回列表
WebDriverWait(driver,10).until(EC.presence_of_all_elements_located((By.CSS_SELECTOR,
'.mnav')))
#判断是否至少有一个元素在页面中可见，如果定位到就返回列表
WebDriverWait(driver,10).until(EC.visibility_of_any_elements_located((By.CSS_SELECT
OR,'.mnav')))
#判断指定元素的属性值中是否包含了预期的字符串，返回布尔值
WebDriverWait(driver,10).until(EC.text_to_be_present_in_element_value((By.CSS_SELEC
TOR,'#su'),u'百度一下'))
driver.close()
```

3.2.3　Selenium 的应用实例

在上一小节中只获取了整个页面第一次加载的数据，如果要获取排行榜前 30 部电影的数据，就需要用脚本程序使页面自动往下滑，直到把前 30 部电影的数据加载出来。因此需要用 Selenium 模拟向下滑动页面来加载数据，示例代码如下：

```
import time
from selenium import webdriver
def scroll_to_bottom():
    js = "return action=document.body.scrollHeight"
    # 滚动条现在的高度为0
    height = 0
    # 当前窗口的总高度
    new_height = driver.execute_script(js)
    while height < new_height:
        # 将滚动条调整至页面底部
        for i in range(height, new_height, 200):
            driver.execute_script('window.scrollTo(0, {})'.format(i))
            time.sleep(0.5)
        height = new_height
        time.sleep(0.5)
```

```
        new_height = driver.execute_script(js)
        if condition():
            break
# 终止条件
def condition():
    try:
        driver.find_element_by_xpath
        ('//*[@id="content"]/div/div[1]/div[6]/div[30]')
        return True
    except:
        return False
if __name__ == '__main__':
    # 初始化一个驱动程序，指定 Chrome 浏览器
    driver = webdriver.Chrome()
    # 请求豆瓣电影分类排行榜网页
    driver.get("https://movie.douban.com/typerank?type_name=%E5%89%A7%E6%83%85&type=
11&interval_id=100:90&action= ")
    scroll_to_bottom()
    movieList = driver.find_elements_by_class_name('movie-name-text')[:30]
    i = 1
    with open("movie_Top30.txt", 'w') as f:
        for movie in movieList:
            f.writelines("NO.{} {}\n".format(i, movie.text))
            i += 1
    driver.quit()
```

上面的代码定义了一个滚动函数 scroll_to_bottom()，用来缓慢滑动页面以加载后面的数据。在 condition()函数中，driver.find_element_by_xpath 表示用 XPath 的方式来查找元素。类似的还有主函数里面的 driver.find_elements_by_class_name 表示用类的名字来查找元素，找到 class 名字为 movie-name-text 的元素。在 condition()函数中，XPath 的匹配条件可以通过查看源代码并点击鼠标右键，选择相应命令来复制 XPath 格式，如图 3-12 所示。抓取前 30 个名称，写入 movie_Top30.txt 文本中，如图 3-13 所示。

图 3-12　获取 XPath 的方法

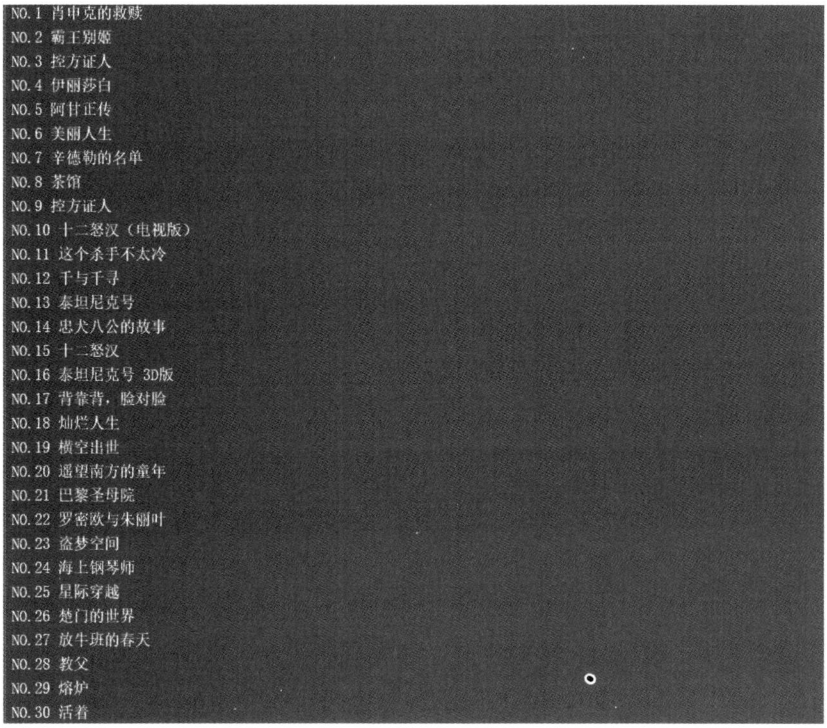

图 3-13　抓取豆瓣电影分类排行榜前 30 个名称

此外，用 Selenium 选择元素的方法有很多种，示例代码如下：

```
# 1.find_element_by_id。下面两种方法的作用相同
inputTag = driver.find_element_by_id('kw')
inputTag = driver.find_element(By.ID,'kw')
inputTag.send_keys('python')
# 2.find_element_by_class_name。下面两种方法的作用相同
submitTag = driver.find_element_by_class_name('fg')
submitTag = driver.find_element(By.CLASS_NAME,'fg')
# 3.driver.find_element_by_name。下面两种方法的作用相同
submitTag = driver.find_element_by_name('fg')
submitTag = driver.find_element(By.NAME,'fg')
# 4.find_element_by_tag_name。下面两种方法的作用相同
submitTag = driver.find_element_by_tag_name('fg')
submitTag = driver.find_element(By.TAG_NAME,'fg')
# 5.find_element_by_xpath。下面两种方法的作用相同
submitTag = driver.find_element_by_xpath('//div/a')
submitTag = driver.find_element(By.XPATH,'//div/a')
# 6.find_element_by_css_selector。下面两种方法的作用相同
submitTag = driver.find_element_by_css_selector('.quickdelete-wrap >
input')
submitTag = driver.find_element(By.CSS_SELECTOR,'.quickdelete-wrap >
input')
```

有时需要查找多个元素，前面就查找了所有的评论。针对这种情况，有相应的元素选择方法，就是在 element 后加上 s，变成 elements，示例代码如下：

```
# 查找多个元素
find_elements_by_name
find_elements_by_xpath
find_elements_by_link_text
find_elements_by_partial_link_text
find_elements_by_tag_name
find_elements_by_class_name
find_elements_by_css_selector
```

其中，xpath 和 css_selector 是比较好的方法：一方面比较清晰；另一方面相对于其他方法，这两种方法对元素的定位比较准确。

除了上面的选择元素的方法外，Selenium 中还有许多操作元素的方法。常见的操作元素的方法如下。

- clear()：清除元素的内容。
- send_keys()：模拟按键输入。
- click()：单击元素。
- submit()：提交表单。

下面来看 click()方法的示例，代码如下：

```
# 模拟输入文字python
driver.find_element_by_id("kw").send_keys("python")

# id为su的是搜索按钮，用click()方法单击
driver.find_element_by_id("su").click()
```

使用 Selenium 除了可以实现简单的鼠标操作外，还可以实现许多复杂的鼠标操作，如双击、拖曳等；也可以获取元素的信息；甚至可以模拟键盘。有兴趣的读者可以自行学习，或者去 Selenium 官网了解更多内容。

下面来看一个模拟登录的例子，示例代码如下：

```
from time import sleep
from selenium import webdriver
from selenium.webdriver.chrome.options import Options
# 登录CSDN账号
def do_sign():
    driver.get('https://passport.csdn.net/login?code=public')
    driver.implicitly_wait(20)
    # 选择密码登录
driver.find_element_by_xpath('//*[@id="app"]/div/div/div[1]/div[2]/div[5]/ul/li[2]/a').click()
    # 输入账号，输入密码，单击“登录”按钮
    driver.implicitly_wait(20)
    driver.find_element_by_xpath('//*[@id="all"]').send_keys(input("请输入手机号/邮箱/用户名: "))
    driver.find_element_by_id('password-number').send_keys(input('请输入密码: '))
    driver.find_element_by_xpath('//*[@id="app"]/div/div/
div[1]/div[2]/div[5]/div/div[6]/div/button').click()
```

```
        print("登录成功")
if __name__ == '__main__':
    # Chrome 浏览器启动配置
    chrome_options = Options()
    # 隐藏浏览器
    # chrome_options.add_argument('--headless')
    # 取消 "Chrome 正受到自动软件的控制" 提示
    chrome_options.add_experimental_option('useAutomationExtension', False)
    chrome_options.add_experimental_option("excludeSwitches", ['enable-automation'])
    driver = webdriver.Chrome(options=chrome_options)
    # 设置窗口大小
    driver.set_window_rect(0, 0, 1400, 1000)
    print('CSDN 自动登录脚本已启动')
    # 登录账号
    do_sign()
    sleep(30)
    driver.close()
```

3.2.4　Selenium 的高级操作

用 Selenium 来抓取网页的本质就是模拟真实的浏览网页过程。使用 Selenium 要等所有的元素加载完后才可以开始抓取内容，所以抓取速度往往比较慢。因此在抓取时可以禁止浏览器加载一些不需要的内容，从而加快抓取速度。下面是限制 CSS、图片、JavaScript 的示例代码：

```
#-- coding: utf-8-
#Firefox 浏览器
from selenium import webdriver
fp = webdriver.FirefoxProfile()
fp.set_preference("javascript.enabled", False)
fp.set_preference("permissions.default.stylesheet",2)
fp.set_preference("permissions.default.image",2)
#如果没有配置环境变量，则需要加上 executable_path
driver = webdriver.Firefox(firefox_profile=fp)
driver.get("https://www.baidu.com/")
```

运行结果如图 3-14 所示。

```
#-- coding: utf-8-

# 限制 css、图片、JavaScript 后的 Chrome 浏览器
from selenium import webdriver
options = webdriver.ChromeOptions()
prefs = {
    'profile.default_content_setting_values': {
        'images': 2,
        'javascript': 2
    }
}
options.add_experimental_option('prefs', prefs)
```

```
browser = webdriver.Chrome(options=options)
browser.get("https://www.baidu.com/")
```

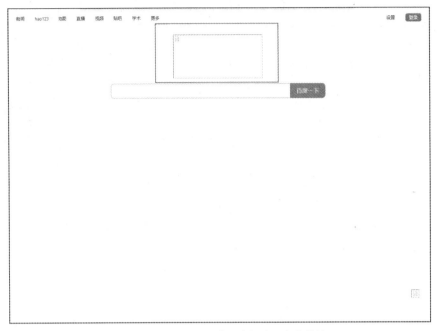

图 3-14　在 Firefox 浏览器中抓取百度的结果

运行结果如图 3-15 所示。

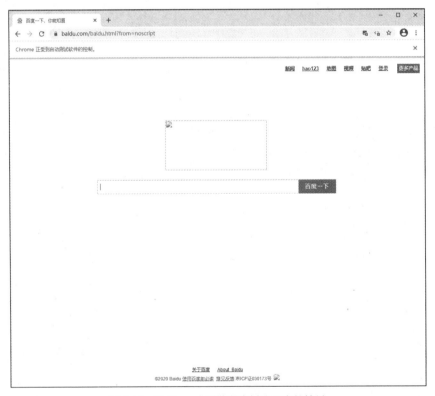

图 3-15　在 Chrome 浏览器中抓取百度的结果

3.3　爬虫框架

小型的数据抓取任务，可以直接使用 requests 库和 BeautifulSoup 库完成，再进一步可以使用 Selenium 解决比较复杂的异步加载问题。但大型的数据抓取任务则需要使用框架，使用框架的好处主要是便于管理及增加各种扩展功能等。

3.3.1　爬虫框架介绍

目前较常用且通用的框架有以下几种。

1. Scrapy

Scrapy 是一个为了抓取网站数据、提取结构性数据而编写的应用框架。Scrapy 使用了 Twisted 异步网络库来处理网络数据。该框架的用途广泛，可以应用在数据挖掘、检测和自动化测试以及信息处理和存储历史数据等一系列的任务场景中。

Scrapy 最初是为了抓取页面（抓取网络）而设计的，可以应用于获取 API 返回的数据（如 Amazon Associates Web Services）或者通用网络爬虫中。

2. PySpider

PySpider 是由 Linux 做的一个爬虫架构的开源化框架。其作为一个高效的网络爬虫框架，带有强大的 WebUI。框架采用 Python 编写，使用分布式架构，支持多种数据库，强大的 WebUI 支持脚本编辑器、任务监视器、项目管理器及结果查看器。

与 Scrapy 相比，PySpider 提供了可视化 WebUI，而 Scrapy 则使用代码和命令行来操作，但 Scrapy 能够适应更复杂的工作场景。

3. Crawley

Crawley 可以高速抓取对应网站的内容，其支持关系数据库和非关系数据库，数据可以导出为 JSON、XML 等格式。Crawley 作为使用 Python 开发出来的一款爬虫框架，一直致力于改变人们从互联网中提取数据的方式，让大家可以更高效地从互联网中抓取对应内容。其特点主要为高速、简单、支持非关系数据库。

4. Portia

Portia 是一个开源可视化爬虫工具，可让使用人员在无任何编程知识的情况下抓取网站内容，给出抓取的网页中你感兴趣的数据内容后，Portia 将创建一个爬虫来从类似的页面中提取数据。

5. Grab

Grab 是一个用于构建 Web 刮板的 Python 框架。借助 Grab 可以构建各种复杂的网站抓取工具。Grab 是从处理简单的 5 行脚本到处理数百万个网页皆在行的复杂异步网站抓取工具。Grab 提供一个 API 用于执行网络请求和处理接收到的内容，例如与 HTML 文档的 DOM 树进行交互。

6. Cola

Cola 是一个分布式的爬虫框架，对用户来说，只需编写几个特定的函数，而无须关注分布式运行的细节，任务会自动分配到多台机器上，整个过程对用户是透明的。

7. Newspaper

Newspaper 是从 requests 库的简洁与强大中获得灵感后，使用 Python 开发的可用于提取文章内容的程序。其使用多线程，支持 10 多种语言，并且采用 Unicode 编码。Newspaper 可以用来提取新闻、文章以及分析内容。

在以上介绍的众多爬虫框架中，本书使用其中功能强大、适应多种任务场景的异步爬虫框架 Scrapy 来进行知识讲解。

3.3.2 爬虫框架机制

通用爬虫框架定义了编写一个网络爬虫最基本的流程。一个通用的爬虫框架通常包含待抓取的 URL 列表、已抓取的 URL 列表、URL 下载器、URL 解析器、数据库等几个模块。根据任务需求，还可以加入监控模块、定时启动模块等。图 3-16 所示为一个通用爬虫框架的示意图。

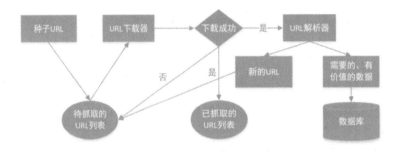

图 3-16　通用爬虫框架的示意图

通用爬虫框架的工作流程如下。

（1）确定种子 URL，并将其存入待抓取的 URL 列表。

（2）从待抓取的 URL 列表中随机提取一个 URL，发送到 URL 下载器。

（3）URL 下载器开始下载页面。如果下载成功，将页面发送给 URL 解析器，同时把 URL 存入已抓取的 URL 列表；如果下载失败，将 URL 重新存入待抓取的 URL 列表，重复步骤（2）。

（4）URL 解析器开始解析页面，将获得的新的 URL 存入待抓取的 URL 列表，同时将需要的、有价值的数据存入数据库。

（5）重复步骤（4），直到待抓取的 URL 列表为空。

以本书使用的 Scrapy 框架为例，其大致的工作流程如下。

（1）引擎从调度器中取出一个 URL 用于接下来的抓取。

（2）引擎把 URL 封装成一个请求（Request）传给下载器，下载器把资源下载下来，并封装成应答包（Response）。

（3）爬虫开始解析应答包。

（4）若解析出实体（Items），则交给项目管道进行进一步的处理。

（5）若解析出的是 URL，则把 URL 交给调度器（Scheduler）等待抓取。

从通用爬虫框架和 Scrapy 框架的工作流程可以看出，整个抓取工作的处理原理基本一致，只不过 Scrapy 框架通过各种组件对不同的操作进行了包裹与封装，抓取工作更加高效。

3.4 Scrapy 框架

Scrapy 是适用于 Python 的一个快速、高效的网页抓取框架，它用于抓取网页并从页面中提取结构化的数据。Scrapy 用途广泛，可以用于数据挖掘、监测和自动化测试。在需要抓取的数据量极大的情况下，建议使用 Scrapy 框架。

3.4.1 Scrapy 简介与安装方法

Scrapy 作为一个框架，任何人都可以根据需求进行修改。它也提供了多种类型的爬虫，如 BaseSpider、sitemap 爬虫等，最新版本还提供了对 Web2.0 爬虫的支持。

Scrapy 的主要组件介绍如下，其整体框架如图 3-17 所示。

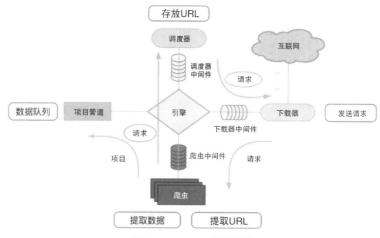

图 3-17 Scrapy 整体框架

（1）引擎（Scrapy Engine）。用来处理整个系统的数据流，触发事务，是框架的核心。

（2）调度器（Scheduler）。用来接收引擎发过来的请求，存入队列中，并在引擎再次请求时返回。可以将其想象成一个 URL（抓取网页的网址或者说是链接）的优先队列，由它来决定下一个要抓取的 URL 是什么，同时去除重复的 URL。

（3）下载器（Downloader）。用于下载网页内容，并将网页内容返回给爬虫（Scrapy 下载器是建立在 Twisted 这个高效的异步模型上的）。

（4）爬虫（Spiders）。用于从特定的网页中提取自己需要的信息，即所谓的实体（Items）。用户也可以从中提取出 URL，让 Scrapy 继续抓取下一个页面。

（5）项目管道（Item Pipeline）。负责处理爬虫从网页中抽取的实体，主要功能是持久化实体、验证实体的有效性、清除不需要的信息。页面被爬虫解析后，将被发送到项目管道，并经过几个特定的程序处理数据。

（6）下载器中间件（Downloader Middlewares）。位于引擎和下载器之间的组件，主要处理 Scrapy 引擎与下载器之间的请求及响应。

（7）爬虫中间件（Spider Middlewares）。介于引擎和爬虫之间的组件，主要工作是处理爬虫的响应输入和请求输出。

（8）调度器中间件（Scheduler Middewares）。介于引擎和调度器之间的组件，接收从引擎发送到调度器的请求和响应。

如何安装 Scrapy 呢？在计算机上打开命令提示符窗口，输入 pip install scrapy，开始安装 Scrapy，如图 3-18 所示，等待安装完成即可。

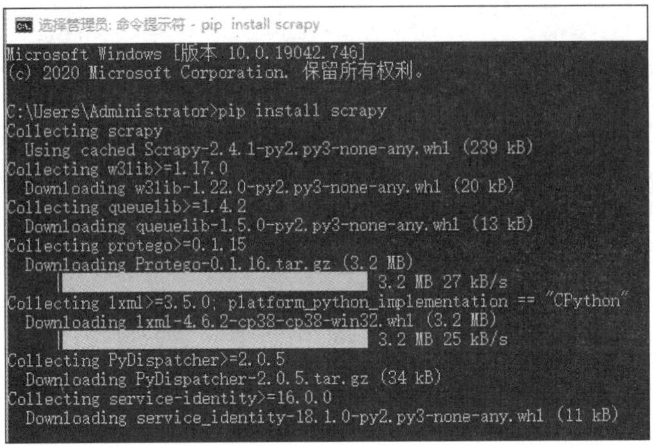

图 3-18　Scrapy 的安装

安装成功后，在命令提示符窗口中输入 scrapy -h 进行测试，如图 3-19 所示。至此，Scrapy 安装成功。

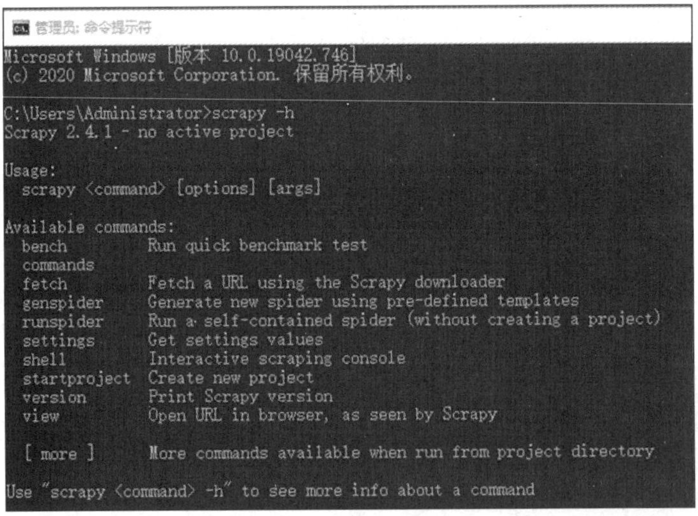

图 3-19　Scrapy 安装成功

3.4.2　Scrapy 的应用

Scrapy 提供了几个简单的命令，用于创建工程项目、爬虫，并对此进行配置、运行。常用的命令如表 3-2 所示。

表 3-2　　　　　　　　　　　　　　Scrapy 的常用命令

命令	说明	格式
startproject	创建一个新工程	scrapy startproject \<name\> [dir]
genspider	创建一个爬虫	scrapy genspider [options] \<name\>
settings	获得爬虫配置信息	scrapy settings [options]
crawl	运行一个爬虫	scrapy crawl \<spider\>
list	列出工程中的所有爬虫	scrapy list
shell	启动 URL 调试命令行	scrapy shell [url]

Scrapy 的基本使用步骤如下。

（1）创建一个新工程项目和 Spider 模板。

（2）编写 Spider。

（3）编写 Item Pipeline。

（4）优化配置策略。

3.4.3　创建工程项目和 Spider 模板

下面以抓取股票交易网为例，进行网页的抓取，网页抓取名称为 stocks.html，存储地址为 D:\pyscrapy。

（1）打开命令提示符窗口，输入 d:并按 Enter 键，进入 D 盘，然后输入 cd pyscrapy 并按 Enter 键，进入指定的存储地址 D:\pyscrapy 中，如图 3-20 所示。

（2）创建工程项目。输入 scrapy startproject BaiduStocks 并按 Enter 键，然后输入 cd BaiduStocks 并按 Enter 键，如图 3-21 所示，至此工程项目创建成功。接下来可以打开文件查看创建的工程项目的内容，如图 3-22 所示。

图 3-20　进入指定的存储地址　　　　　　　图 3-21　工程项目创建成功

（3）输入 scrapy genspider stocks baidu.com 并按 Enter 键，创建一个 Spider 模板，如图 3-23 所示。打开文件夹，发现产生了一个新的名称为__pycache__的文件夹，如图 3-24 所示。

图 3-22　查看工程项目的内容

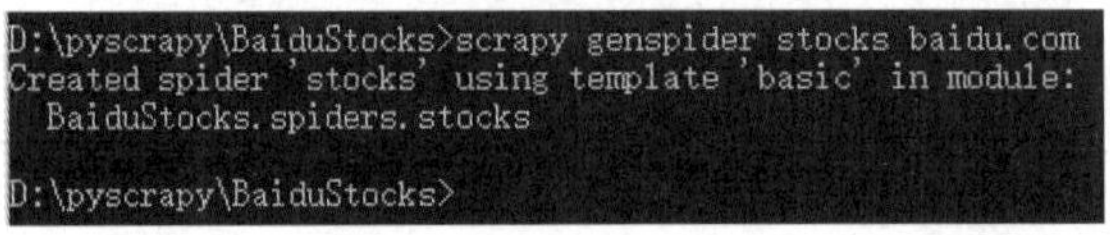

图 3-23　创建 Spider 模板

图 3-24　产生了新的文件夹

3.4.4　编写 Spider

在计算机上打开 D:\pyscrapy\BaiduStocks\BaiduStocks\spiders 中的 stocks.py 文件，接下来编写里面的内容，配置 Spider 爬虫。示例代码如下：

```python
import scrapy
import re
class StocksSpider(scrapy.Spider):
    name = 'stocks'
    start_urls = ['http://quote.eastmoney.com/stock_list.html']

    def parse(self, response):
        for href in response.css('a::attr(href)').extract():
            try:
                stock = re.findall(r"[s][hz]\d{6}", href)[0]
                url = 'http://gu.qq.com/' + stock + '/gp'
                yield scrapy.Request(url, callback=self.parse_stock)
            except:
                continue
    def parse_stock(self, response):
        infoDict = {}
        stockName = response.css('.title_bg')
        stockInfo = response.css('.col-2.fr')
```

```
        name = stockName.css('.col-1-1').extract()[0]
        code = stockName.css('.col-1-2').extract()[0]
        info = stockInfo.css('li').extract()
        for i in info[:13]:
            key = re.findall('>.*?<', i)[1][1:-1]
            key = key.replace('\u2003', '')
            key = key.replace('\xa0', '')
            try:
                val = re.findall('>.*?<', i)[3][1:-1]
            except:
                val = '--'
            infoDict[key] = val

        infoDict.update({'股票名称': re.findall('\>.*\<', name)[0][1:-1] + \
                         re.findall('\>.*\<', code)[0][1:-1]})
        yield infoDict
```

3.4.5 编写 Item Pipeline

下面编写 Item Pipeline，打开 D:\pyscrapy\BaiduStocks\BaiduStocks 中的 pipelines.py 文件，修改里面的代码。示例代码如下：

```
from itemadapter import ItemAdapter
class ScrapyGupiaoPipeline:
    def process_item(self, item, spider):
        return item
class ScrapyGupiaoPipeline:
    def open_spider(self, spider):
        self.f = open('gupiao.txt', 'w')
    def close_spider(self, spider):
        self.f.close()
    def process_item(self, item, spider):
        try:
            line = str(dict(item)) + '\n'
            self.f.write(line)
        except:
            pass
        return item
```

3.4.6 优化配置策略

下面设置 Settings 模块以优化配置策略，打开 D:\pyscrapy\BaiduStocks\BaiduStocks 中的 settings.py 文件，取消以下代码的注释：

```
ITEM_PIPELINES = {
    'BaiduStocks.pipelines.BaidustocksPipeline': 300,
}
```

完成所有配置后，运行 Scrapy 完成抓取。在命令提示符窗口中输入 scrapy crawl stocks 并按 Enter 键，如图 3-25 所示，完成数据抓取。

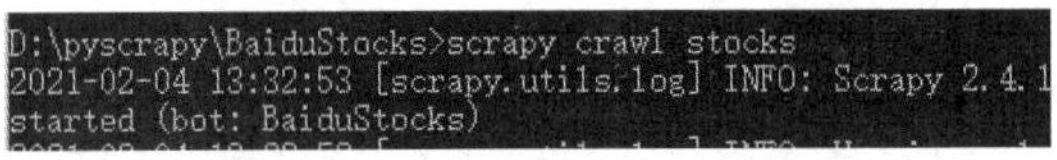

图 3-25　运行 Scrapy 完成数据抓取

习　　题

（1）什么是 AJAX？

（2）获取 AJAX 数据的方法有哪些？简述抓取过程。

（3）如何用浏览器的审查元素获取解析地址的方式获取豆瓣热门电视剧网页的信息？

（4）Selenium 是什么？一些动态渲染的页面请求不到数据，应该如何处理？

（5）如何通过 Selenium 来获取豆瓣热门电视剧网页的信息？

（6）如何获取豆瓣热门电视剧前 50 名的信息？

（7）什么是 Scrapy 框架？

（8）爬虫框架的机制是什么？

第4章
数据清洗

学习目标

- 掌握数据清洗的定义
- 理解数据清洗的作用
- 掌握处理缺失值的相关函数
- 理解处理缺失值的方法
- 理解处理异常值的方法
- 掌握数据转换中常用的函数
- 理解数据转换的作用
- 了解数据转换的几种方法

本章主要介绍数据预处理阶段数据清洗的知识和相关概念，先对数据清洗的基本概念进行简要介绍，提出相关技术，然后将相关技术分为处理缺失值、处理重复值和异常值、数据转换 3 个板块，通过实例进行详细介绍。通过对本章的学习，读者能够很好地理解数据清洗在数据预处理过程中的作用，并对数据清洗有一个整体的把握。

4.1 数据清洗概述

数据清洗概述

数据清洗（Data Cleaning）运用的领域多、范围广，目前并没有形成公认的定义。很多学者都给出了自己的定义，例如王曰芬教授对数据清洗的定义是：数据清洗是清除错误和不一致数据的过程，并需要解决孤立点和元组重复问题。

本书采用目前较常用的一种定义：数据清洗是指发现并纠正数据文件中可识别的错误的最后一道程序，包括检查数据的一致性、处理无效值和缺失值等。数据清洗是对收集到的数据进行重新审查和校验的过程，目的在于删除重复信息、纠正存在的错误，并保证数据的一致性。

总的来说，数据清洗就是把"脏"数据"洗掉"。因为数据集中的数据通常是面向某一个主题的数据，这些数据从多个业务系统中抽取出来，且包含历史数据。这样就避免不了有错误数据，数据之间会相互冲突。这些错误或冲突的数据显然是不需要的，称为"脏数据"，需要按照一定的规则将其清洗掉。这个过程就是数据清洗。通常来讲，不符合要求的数据主要有不完整的数据、错误的数据和重复的数据三大类。针对这三大类不符合要求的数据，我们进行数据清洗的方法主要有 3 种，如图 4-1 所示。

1. 处理缺失值

由于调查、编码和录入误差，数据中可能存在一些无效值和缺失值，因此需要进行适当的处理。常用的处理方法有：估值填充、整列删除、变量删除和特殊值填充。

（1）估值填充是指使用估计值对缺失值进行填补。最简单的办法就是用某个变量的样本平均值、中位数或众数代替无效值和缺失值。这种办法简单，但没有充分考虑数据中已有的信息，误差可能较大。另一种办法是通过变量之间的相关分析或逻辑推论进行

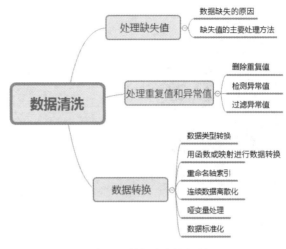

图 4-1　数据清洗的方法

估计。例如，某一个产品的拥有情况可能与用户的家庭收入有关，因此可以根据用户的家庭收入推算拥有这一个产品的可能性。

（2）整列删除是指直接剔除含有缺失值的样本。由于很多数据都可能存在缺失值，这种做法可能导致有效样本量大大减少，无法充分利用已经收集到的数据。因此，该方法只适合关键变量缺失，或者含有无效值或缺失值的样本比例很小的情况。

（3）变量删除是指将整个变量踢出分析数据，在之后的研究过程中不再考虑。如果某一个变量的无效值和缺失值很多，而且该变量对研究的问题不是特别重要，那么可以考虑将该变量删除。这种做法减少了供分析用的变量数，但没有改变样本量。

（4）特殊值填充是指用一个特殊码（通常是 9、99、999 等）代表无效值和缺失值，同时保留数据集中的全部变量和样本。但是，在进行具体的计算时，因分析的不同，涉及的变量不同，其有效样本量也会有所不同。这是一种保守的处理方法，可以最大限度地保留数据集中的可用信息。

采用不同的处理方法可能对分析结果产生影响，尤其是当缺失值的出现并非随机且变量之间明显相关时。因此，在采集数据的过程中应当尽量避免出现无效值和缺失值，保证数据的完整性。

2. 处理重复值和异常值

重复值是指出现了完全相同的数据，当需要对数据进行计数等统计数据量的操作时，重复值会对最终结果产生影响，所以需要处理重复值。一般采用合并或清除的方法来处理重复值。数据的异常值处理又称为一致性检查，是根据每个变量的合理取值范围和相互关系，检查数据是否合乎要求，超出正常范围、逻辑上不合理或者相互矛盾的数据（例如用测量范围在 1～7 级的量表测量结果出现了 0 值，或者测量体重结果出现了负值）都应视为超出正常值域范围的异常值。

3. 数据转换

数据转换是将数据从一种表示形式变为另一种表现形式的过程。下面简单介绍几种常用的数据转换方法。

（1）数据类型转换是指将数据类型从一种形式转换为另外一种形式。例如，在 Web 页面用表单收集相关数据时，输入的年龄、身高等数据一般默认为 string（字符串）类型，而在实际使用这些数据进行统计时可能会涉及数值之间的比较，这便需要提前将数据转换为 int（整型）或 double（浮点型）数据以方便进行相关运算。

（2）用函数或映射进行数据转换。函数转换是指在数据的处理中运用相关函数来转换数据；映射转换是指转换数据间的映射关系，例如，在 Hadoop 系统数据处理中，将 key 和 value 的映射关系对调来处理一些数据。

（3）重命名轴索引是指对数据集的轴标签进行函数或映射转换，从而得到一个新的对象，无须新建一个数据结构。

（4）连续数据离散化是指在数据的取值范围内设定若干个离散的划分点，将取值范围划分为一些离散的区间，最后用不同的符号或整数值代表落在每个子区间中的数据。

（5）哑变量处理是指将数据转换为一种编码形式进行分析。在数据收集过程中，很多数据并不是直接用数字表示的。这种情况下，为了适应算法和库，便会对数据进行编码转换。由于数字变量有着其本身的数学意义和计算性，但是某些数据并没有这种性质，因此会造成其在建模过程中传达一些不准确的信息。为了降低这种不准确性，可以使用独热编码（One-Hot 编码，又称为一位有效编码，每个编码中只有一位有效）将数据转换为哑变量。

（6）数据标准化是指在某种规范下将数据转换为一定形式的过程，即通过平滑、聚集等技术将数据转化到某个范围，或者转化为某种规定的形式的过程。

4.2　处理缺失值

没有高质量的数据，就没有高质量的数据挖掘结果。缺失值是数据分析中经常遇到的，也是数据处理中常见的情况。如果不对缺失值进行处理，就会对结果产生较大的影响。在缺失值的处理过程中，当缺失值占的比例很小时，可直接对缺失记录进行舍弃或手动处理。在大部分情况下，缺失值可能占很大的比例。这时如果手动处理，则效率会非常低；如果舍弃缺失值，则会丢失大量信息，对这样的数据进行分析，很可能会得出错误的结论。本节将从数据缺失的原因，缺失值的类型及主要处理方法 3 个方面对缺失值的处理进行介绍，如图 4-2 所示。

图 4-2　处理缺失值

4.2.1　数据缺失的原因

现实世界中的数据异常杂乱且数量多，数据缺失的情况经常发生，这种情况甚至是不可避免的。造成数据缺失的原因是多方面的，大体上可以分为下面几种。

（1）信息暂时无法获取。例如，在医疗数据库的运行过程中，所有病人的临床检验信息都需要花费一段时间来获取，每次检验时间都是不同的，这样在录入数据的过程中就会导致一部分属性值空缺。

（2）信息被遗漏。信息可能会因为输入时被认为不重要、忘记填写或对数据理解错误而产生遗漏，也可能会因为数据采集设备的故障、存储介质的故障、传输媒体的故障、一些人为因素等而丢失。

（3）有些对象的某个或某些属性是不可用的，如一个未婚者的配偶、一个儿童的收入状况等。

（4）有些信息被认为是不重要的。例如，在研究海拔高度对于人身高的影响时，人的体重等相关属性在这种情况下可能会被认为是不需要的。

（5）获取某些信息的代价太大。例如，在地质勘探中，每次都取样打孔的成本是很高的，于是就只能阶段性地按某种规律取样打孔，然后通过这些样本点的值估计整个地区的某个属性值大小。

（6）系统实时性能要求较高。即要求在得到这些信息前迅速做出判断或决策。然而缺失不一定就是数据存在问题，对缺失值的处理要具体问题具体分析，属性缺失有时并不意味着数据缺失，缺失值本身是包含信息的，所以需要根据不同应用场景下缺失值可能包含的信息进行合理填充，下面通过几个例子来说明。

① 收入：如果要推荐商品则应填充平均值，如果要给出借贷额度则应填充最小值。

② 价格：在推荐商品的情况下填充最小值，在商品和价格匹配的情况下填充平均值。

③ 寿命：在估计保险费用的情况下填充最大值，在估计人口的情况下填充平均值。

④ 驾龄：这一项缺失可能是用户没有买车，这时可以将值填充为 0。

⑤ 本科毕业时间：这一项缺失可能是用户没有上大学，这时为该用户填充正无穷比较合理。

⑥ 婚姻状态：用户可能对自己的隐私比较敏感，所以刻意隐瞒了自己的情况，此时就应单独设置一个分类，如已婚 1、未婚 0、未填−1。

4.2.2　缺失值的主要处理方法

目前，处理缺失值的方法主要有三大类：删除元组、补齐数据、不处理。

1．删除元组

删除元组是指将存在遗漏信息的属性的对象（元组、记录）删除，从而得到一个完整的信息表。这种方法简单易行，在对象有多个属性缺失值、被删除的含缺失值的对象的数据量与初始数据集的数据量相比非常小的情况下非常有效，类标号缺失时通常也采用该方法。

删除元组这一方法十分方便，但是局限性很大。它通过减少样本数据换取信息的完备，同时也会丢弃大量隐藏在这些对象中的信息。如果初始数据集包含的样本数据较少，简单删除少量数据足以严重影响信息的客观性和结果的正确性。同时，当缺失值占的比例较大时，特别是当缺失值非随机分布时，这种方法可能导致数据发生偏离，从而得出错误的结论。因此，一定要在合适的情况下使用此方法。

在 Pandas 库中，一般使用 isnull()函数或 notnull()函数来查看列表中相应的属性值是否为缺失值，使用 dropna()函数删除所有的缺失值，示例代码如下：

```
import numpy as np
import pandas as pd
# 创建数据
a = pd.Series([12,22,45,23,np.nan,np.nan,66,54,np.nan,99])
df=pd.DataFrame({'value1':[12,22,45,23,np.nan,np.nan,66,54,np.nan,99,190],
'value2':['a','b','c','d','e',np.nan,np.nan,'f','g',np.nan,'g']})

# isnull()缺失值为 True，非缺失值为 False
print(a.isnull())
Out:
0     False
1     False
2     False
3     False
4      True
5      True
6     False
7     False
8      True
9     False
dtype: bool
# notnull()缺失值为 False，非缺失值为 True
print(a.notnull())


Out:
0      True
1      True
2      True
3      True
4     False
5     False
6      True
7      True
8     False
9      True
dtype: bool


# dropna()用于删除缺失值
print(df['value1'].dropna())


Out:
0     12.0
1     22.0
2     45.0
3     23.0
6     66.0
```

```
7        54.0
9        99.0
10      190.0
Name: value1, dtype: float64
```

2. 补齐数据

补齐数据是指用一定的值去填充空值，使信息表完整。通常基于统计学原理，根据初始数据集中其余对象取值的分布情况来对一个缺失值进行填充。常用的补齐数据的方法如下。

（1）手动填写。

由于很多数据本身就是由用户自己产生的，因此让用户手动补齐缺失的数据是数据偏离最小、填充效果最好的一种方法。然而该方法很费时，当数据规模很大、空值很多时，该方法是不可行的。

（2）特殊值填充。

将空值作为一种特殊的属性值来处理，它不同于其他的任何属性值，例如所有的空值都用unknown填充。特殊值填充可能会导致严重的数据偏离，一般不推荐使用。

（3）平均值填充。

先将初始数据集中的属性分为数值属性和非数值属性，然后根据缺失值的属性来进行填充。如果空值是数值型的，就根据其他所有对象的平均值来填充缺失值；如果空值是非数值型的，就根据众数（出现频率最高的值）来补齐缺失的属性值，或者从与该对象具有相同决策属性值的对象中取得需要的平均值。

在不同的情况下，我们必须根据具体需要，将平均值填充变为众数或中位数填充。例如，在对一个公司的职工工资进行分析时，使用众数或者中位数填充明显会比用平均值填充效果更好。

（4）热卡填充。

热卡填充又称就近补齐。对于一个包含空值的对象，可以在完整数据中找到一个与它最相似的对象，然后用这个相似对象的值来进行填充。针对不同的问题，可能需要选用不同的标准来对相似度进行判定。该方法的概念很简单，且利用了数据间的关系来进行空值估计。该方法的缺点是难以定义相似标准，主观因素较多。

（5）K-最近邻算法。

根据欧氏距离或相关分析来确定距离具有缺失数据样本最近的 K 个样本，求这 K 个样本的加权平均值来估计该样本的缺失值。

（6）使用所有可能的值填充。

用空缺属性所有可能的属性值来填充，能够得到较好的补齐效果。该方法的问题在于当数据量大时，会导致计算的代价变得很大。

（7）组合完整化方法。

用空缺属性所有可能的属性取值来试，并从最终属性的约简结果中选择最好的一个作为填补的属性值。这是以约简为目的的数据补齐方法，相较于用所有可能的值填充更简便，能够得到好的约简结果；但当数据量很大或者遗漏的属性值较多时，其计算的代价很大。

（8）建立回归方程法。

基于完整的数据集，建立回归方程。对于包含空值的对象，将已知属性值代入方程来估计未知属性值，以此估计值来进行填充。此方法用于变量是线性相关的情况，如果变量不是线性相关的则会导致偏差的出现。

（9）最大期望算法。

最大期望算法又称 E-M 算法，是一种在有不完全数据的情况下计算极大似然估计或者后验分布的迭代算法。在每一次迭代循环过程中交替执行两个步骤：E（Expectation）步，期望步骤，在给定完全数据和前一次迭代得到的参数估计的情况下，计算完全数据对应的对数似然函数的条件期望；M（Maximization）步，极大化步骤，用极大化似然估计最大的对应参数值（极大化似然估计）作为参数的值，并用于下一步的迭代。算法在 E 步和 M 步之间不断迭代直至收敛，即两次迭代之间的参数变化小于一个预先给定的阈值时结束。该方法可能会出现局部有极值的情况，收敛速度也不是很快，且计算很复杂。

下面简单使用平均值填充的方法进行数据补齐，同时将平均值填充变为中位数和众数填充以感受不同的效果，示例代码如下：

```
# 创建数据
s=pd.Series([1,2,3,np.nan,3,4,5,5,5,5,np.nan,np.nan,
             6,6,7,12,2,np.nan,3,3])
# 平均值填充
u=s.mean()
s.fillna(u,inplace=True)
print(s)
Out:
0     1.0          11    4.5
1     2.0          12    6.0
2     3.0          13    6.0
3     4.5          14    7.0
4     3.0          15    12.0
5     4.0          16    2.0
6     5.0          17    4.5
7     5.0          18    3.0
8     5.0          19    3.0
9     5.0          dtype: float64
10    4.5
# 中位数填充
me=s.median()
s.fillna(me,inplace=True)
print(s)
Out:
0     1.0          11    4.5
1     2.0          12    6.0
2     3.0          13    6.0
3     4.5          14    7.0
4     3.0          15    12.0
5     4.0          16    2.0
6     5.0          17    4.5
7     5.0          18    3.0
8     5.0          19    3.0
9     5.0          dtype: float64
10    4.5
```

```
# 众数填充
mod=s.mode()
x=mod.tolist()[0]#此时得到的众数有 3 和 5，选择第一个众数进行填充
s.fillna(x,inplace=True)
print(s)
Out:
0      1.0                    11      3.0
1      2.0                    12      6.0
2      3.0                    13      6.0
3      3.0                    14      7.0
4      3.0                    15      12.0
5      4.0                    16      2.0
6      5.0                    17      3.0
7      5.0                    18      3.0
8      5.0                    19      3.0
9      5.0                    dtype: float64
10     3.0
```

3. 不处理

补齐处理是以我们的主观估计值对未知值进行填补，不一定完全符合客观事实，在对不完备信息进行补齐处理的同时，或多或少地改变了原始的信息，从而产生误差；而且，对空值进行不正确的填充往往会将新的噪声引入数据中，使挖掘任务产生错误的结果。因此，在许多情况下，还是希望在保持原始信息不发生变化的前提下对信息系统进行处理。

不处理缺失值，直接在包含空值的数据上进行数据挖掘的方法主要有贝叶斯网络和人工神经网络等。

贝叶斯网络（Bayesian Network）又称信念网络（Belief Network），或有向无环图模型，是一种概率图模型。它提供了一种自然的表示变量间因果关系的方法，用来发现数据间的潜在关系。在贝叶斯网络中，用节点表示变量，用有向边表示变量间的依赖关系。贝叶斯网络仅适用于对领域知识有一定了解的情况，至少对变量间的依赖关系有较清楚的认识，否则直接从数据中挖掘贝叶斯网络的结构，不但复杂程度较高（随着变量的增加，复杂程度呈指数级增加），网络维护代价较高，而且估计参数较多，为系统带来了高方差，影响了预测精度。

4.3　处理重复值和异常值

在数据清洗过程中，数据中会出现各种异常情况，一般是出现重复值或其他类型的异常值。下面介绍清洗过程中这两种情况的处理方式。

4.3.1　删除重复值

重复值的处理很简单，直接删除就可以了。Pandas 库提供了 drop_duplicates()函数来删除重复数据，下面介绍 drop_duplicates()函数的使用方法。

由于之后的程序演示中都使用了 import pandas as pd 和 import numpy as np 两个语句调用相应

的包,因此,之后的程序都自动忽略这两个语句。

(1) 创建一个 DataFrame 数据:

```
# 创建数据
df = pd.DataFrame({'k1':['one']*3+['two']*4,'k2':[1,1,2,3,3,4,4]})
df['v1']=range(7)
Out:
    k1  k2  v1
0  one   1   0
1  one   1   1
2  one   2   2
3  two   3   3
4  two   3   4
5  two   4   5
6  two   4   6
```

(2) 直接使用 drop_duplicates()函数,此时会删除完全重复的行。由于设置的数据不会产生重复的行,因此为了演示效果,下面对 "v1" 列进行修改:

```
# 创建数据
df = pd.DataFrame({'k1':['one']*3+['two']*4,'k2':[1,1,2,3,3,4,4]})
# 此时可以得到第四行与第五行重复
df['v1']=[1,2,3,3,3,4,7]
# 删除重复的行
df = df.drop_duplicates()
out:
    k1  k2  v1
0  one   1   1
1  one   1   2
2  one   2   3
3  two   3   3
5  two   4   4
6  two   4   7
```

此时,索引为 4 的行将会被删除。drop_duplicates()函数保留重复内容中第一次出现的行。

(3) 使用 drop_duplicates()函数,并使其按指定的列进行去重。对于重复值,保留第一次出现的值:

```
# 创建数据
df = pd.DataFrame({'k1':['one']*3+['two']*4,'k2':[1,1,2,3,3,4,4]})
df['v1']=range(7)
# 按指定的列进行去重
df=df.drop_duplicates(subset='k1',keep='first')
out:
    k1  k2  v1
0  one   1   0
3  two   3   3
```

此时,drop_duplicates()函数使用了 subset 参数和 keep 参数来分别指示按照哪一列进行去重和保留哪一个重复值。下面具体介绍这两个参数及 inplace 参数。

① subset：列名，可选参数，参数值默认为 None。使用方法是 data.drop_duplicates(subset=['k1'])。可以设置指示多列，例如 k1 和 k2 两列的值都相同时才认为是重复值，此时 subset=['k1','k2']。实际运用中有时也省略 subset 参数，效果相同：

```
# 创建数据
df = pd.DataFrame({'k1':['one']*3+['two']*4,'k2':[1,1,2,3,3,4,4]})
df['v1']=range(7)
# 按指定的进行去重
df=df.drop_duplicates('k1',keep='first')
out:
    k1  k2  v1
0  one   1   0
3  two   3   3
```

② keep：参数值有 first、last、False，默认为 first。

first：保留第一次出现的重复值，删除后面的重复值。

last：删除重复值，保留最后一次出现的重复值。

False：删除所有重复值。

使用方法为 data.drop_duplicates(keep='first')，需要特别注意的是，当 keep 参数值为 False 时不需要用引号将其引起来。

③ inplace：布尔值，默认为 False，作用是直接在原数据上删除重复值或删除重复值后返回副本。（inplace=True 表示直接在原来的 DataFrame 上删除重复值，而默认值 False 表示生成一个副本。）

（4）尝试对多列进行重复判定并删除重复值。

直接在 subset 参数中传入多列子集：

```
# 创建数据
df = pd.DataFrame({'k1':['one']*3+['two']*4,'k2':[1,1,2,3,3,4,4]})
df['v1']=range(7)
# 对两列重复值进行删除
df=df.drop_duplicates(['k2','k1'],keep='first')
out:
    k1  k2  v1
0  one   1   0
2  one   2   2
3  two   3   3
5  two   4   5
```

4.3.2　检测异常值

排除异常值的影响是减少误差最常用的方式之一。例如，比赛中经常在计算分数时去掉一个最高分，去掉一个最低分，再计算平均分，去掉偶然性误差，从而排除异常值的影响。这一思想在日常生活中也比较常见。

检测和过滤异常值的思路通常为：先确定异常值的检测标准，异常值有各种检测标准，需要具体情况具体分析；然后需要将检测标准写成条件的形式，使用条件去过滤原始数据。其中最关键的一点是确定异常值的检测标准。下面介绍一些常用的方法。

（1）简单描述统计分析方法。主要通过直接使用 describe() 方法来观察数据的统计性描述（只是粗略地观察一些统计数据），不过统计数据一般为连续型的数据：

```
# 创建数据
df = pd.DataFrame
({'a':['dog']*3+['fish']*3+['dog'],'b':[10,10,12,12,14,14,11]})
print(df)
# 数据的统计性描述
print(df.describe())
out:
      a   b                              b
0   dog  10             count   7.000000
1   dog  10             mean   11.857143
2   dog  12             std     1.676163
3  fish  12             min    10.000000
4  fish  14             25%    10.500000
5  fish  14             50%    12.000000
6   dog  11             75%    13.000000
                        max    14.000000
```

在上面的代码中简单使用了 describe() 方法，可看到其对于 b 这一列进行了统计分析。在分析结果中，每一行代表的含义如下。

① count：统计数量，统计此列共有多少个有效值。

② mean：均值。

③ std：标准差。

④ min：最小值。

⑤ 25%：四分之一分位数。

⑥ 50%：二分之一分位数。

⑦ 75%：四分之三分位数。

⑧ max：最大值。

describe() 方法主要有 3 个参数：percentiles、include、exclude。

percentiles：用于设定数值型特征的统计量，默认为[.25, .5, .75]，也就是返回 25%、50%、75% 数据量时的值，但可以根据需求修改。

include：默认只计算数值型特征的统计量，当输入 include=['O'] 时，会计算离散型变量的统计特征；当参数为 all 时，会把数值型和离散型特征的统计量都显示出来。

exclude：表示丢弃某些列，默认是不丢弃任何列，相当于无影响。

下面简单调整参数，修改 include=['O']，即 print(df.describe(include=['O']))，统计结果如下：

```
            a
count       7
unique      2
top       dog
freq        4
```

从上面的统计结果可以看到，统计 b 列变为了统计 a 列，从中可以知道数据中 a 列的统计信息。至于修改其他参数对数据统计的影响，读者可以自己使用 Python 进行尝试，这里不赘述。

（2）3∂ partial 原则方法。在一组测定值中，平均值的偏差超过 3 倍标准差的测定值就可以算是高度异常的异常值。在处理数据时，应剔除高度异常的异常值。该方法的使用需要保证数据为正态分布。在 3∂ 原则下，测定值的平均值偏差如果超过 3 倍标准差，那么可以将该测定值视为异常值。正负 3∂ 的概率是 99.7%，那么距离平均值 3∂ 之外的值出现的概率为 $P(|x-u| \ 3\partial) = 0.003$，属于极个别的小概率事件。如果数据不满足正态分布，也可以用远离平均值偏差的多少倍标准差来描述。

（3）Z-score 方法。Z-score 是一维或低维特征空间中的参数异常检测方法。该方法假定数据满足高斯分布，异常值是分布于尾部的数据点，因此远离数据的平均值。距离的远近取决于使用公式计算的归一化数据点 Z_i 的设定阈值 Z_{thr}。Z_i 的计算公式如下：

$$Z_i = \frac{X_i - \mu}{\sigma}$$

其中，X_i 是一个数据点，μ 是所有点 X_i 的平均值，σ 是所有点 X_i 的标准偏差。数据点 Z_i 经过标准化处理后，异常值也进行标准化处理，其绝对值大于 Z_{thr}：

$$|Z_i| > Z_{thr}$$

Z_{thr} 的值一般设置为 2.5、3.0 或 3.5。

4.3.3 过滤异常值

过滤异常值比检测异常值简单一些，下面直接通过一个实例介绍在 Python 中如何过滤异常值。

（1）先通过随机数创建生成一组含 100 条学生数据的 DataFrame：

```
# 创建数据
data = pd.DataFrame(np.random.randint(0,101,size = 400).reshape((100,4)),
columns =    ['A','B','C','D'])
```

（2）插入一些有问题的数据：

```
# 插入数据
data.iloc[[0,11,33,55,66,77],[0,1,2,3]] = np.random.randint
# 使用 reshape() 函数变换形式
(101,1000,size =24).reshape((6,4))
```

此时，需要注意的是，必须把等号右边随机生成的 6 个数用 reshape() 函数转换成二维数组才能存入 DataFrame 中。

（3）输出初始数据：

```
out:
     A    B    C    D
0  832  560  747  299
1   10   75   68    1
2   35   31   65   69
3   33   96   34   88
4   12  100   61   38
       ...
95  93   39   45   64
```

```
96    0   19   85   73
97   19   60   29   28
98   30   29   30   82
99   50    3   62   14
```

（4）假设现在需要找到 A 字段所有的异常值并输出，将异常值设定为成绩不在(0,100]中的数据：

```
# 选取 A 字段
error_A = data['A']
# 使用条件表达式过滤异常值
error_listA = error_A[(100 < error_A) | (error_A < 0)]
error_listA:
0     832
11    179
33    578
55    795
66    570
77    181
```

（5）如果需要找到 A、B、C、D 字段中的所有异常值，可以进行如下操作：

```
# 使用条件表达式过滤异常值
error = data[((100 < data) | (data < 0)).any(1)]
error:
      A    B    C    D
0   832  560  747  299
11  179  282  499  872
33  578  544  285  521
55  795  201  267  595
66  570  153  119  699
77  181  308  687  268
```

本节主要介绍了在删除重复值时 Pandas 库提供的 drop_duplicates()函数的使用方法，讲解了其相关参数的用法。在异常值的检测和过滤中，主要讲解了检测异常值时设定检测标准常用的方法，并以实例介绍了过滤异常值的流程。

4.4　数据转换

收集到的数据很可能具有不同的格式或表现形式，此时需要对数据进行各种转换。数据类型转换、用函数或映射进行数据转换、重命名轴索引、连续数据离散化等是比较常用的方法，下面分别进行介绍。

4.4.1　数据类型转换

在进行数据处理时，经常涉及数据类型转换。例如，将用户填写的证件号作为字符串存入，但之后可能会涉及使用该数据进行数学运算，这时又要对数据类型进行转换，把字符串转换为整数或者浮点数。在 Python 中，常用的数据类型转换函数如表 4-1 所示。

表 4-1   常用的数据类型转换函数

函数	作用
int(x)	将 x 转换成整数
float(x)	将 x 转换成浮点数
complex(real[,imag])	创建一个复数
str(x)	将 x 转换为字符串
repr(x)	将 x 转换为表达式字符串
eval(str)	计算字符串中的有效 Python 表达式，并返回一个对象
chr(x)	将整数 x 转换为一个字符
ord(x)	将字符 x 转换为它对应的整数值
hex(x)	将整数 x 转换为一个十六进制的字符串
oct(x)	将整数 x 转换为一个八进制的字符串

4.4.2 用函数或映射进行数据转换

使用函数或映射进行数据转换主要涉及 key 和 value 的对应关系。这里的映射来源于数学中的概念，指两个元素集之间元素相互对应的关系，是名词，在 Python 中主要使用 map()函数来处理相关数据。

map()函数会根据提供的函数对指定序列做映射，函数的格式如下：

```
map(function, iterable, ...)
```

function：函数映射关系，可以是 Python 内置的函数，也可以是自定义的函数。

iterable：可以迭代的对象，如列表、元组、字符串等。

map()函数的作用是将 function 应用于 iterable 的每一个元素，结果以列表的形式返回。

下面以肉类处理为例，介绍 map()函数在数据处理中的使用方法：先定义肉类数据和肉的来源，然后将所有的大写字母变换成小写字母，最后用 map()函数来接收一个函数或一个包含映射关系的字典型对象。

```
#设定一些和肉类相关的数据
data = pd.DataFrame({'food': ['bacon', 'pulled pork', 'bacon',
                     'Pastrami', 'corned beef', 'Bacon',
                     'pastrami', 'honey ham', 'nova lox'],
              'weight': [4, 3, 12, 6, 7.5, 8, 3, 5, 6]})
# 添加一列表明每种肉的来源
meat_to_animal = {
  'bacon': 'pig',
  'pulled pork': 'pig',
  'pastrami': 'cow',
  'corned beef': 'cow',
  'honey ham': 'pig',
  'nova lox': 'salmon'
}
# 将 data 中的大写字母变为小写字母
```

```
Lowercased = data['food'].str.lower()
# 用 map() 函数接收一个函数或一个包含映射关系的字典型对象
data['animal'] = lowercased.map(meat_to_animal)
Out:
          food   weight  animal
0        bacon      4.0     pig
1  pulled pork      3.0     pig
2        bacon     12.0     pig
3     Pastrami      6.0     cow
4  corned beef      7.5     cow
5        Bacon      8.0     pig
6     pastrami      3.0     cow
7    honey ham      5.0     pig
8     nova lox      6.0  salmon
```

4.4.3　重命名轴索引

通过函数或某种形式的映射可以对轴标签进行类似的转换，生成新的且带有不同标签的对象；还可以在不生成新的数据结构的情况下修改轴标签。

这里主要使用 map() 和 rename() 两个函数，rename() 函数主要用于更改行和列的标签，即列名和行索引，可以在 rename() 函数中传入一个字典或者一个函数。

下面通过一个具体的例子来介绍其使用方法。先定义初始数据，并使用 map() 函数将第一次数据的 index 变为大写，然后使用 rename() 函数将第二次数据的 index 变为大写，最后结合字典型对象使用 rename() 函数：

```
# 生成一串 data
data = DataFrame(np.arange(12).reshape((3, 4)),
                 index=['Ohio', 'Colorado', 'New York'],
                 columns=['one', 'two', 'three', 'four'])
#通过 map() 函数将 index 变为大写
data.index = data.index.map(str.upper)
Out:
          one  two  three  four
OHIO        0    1      2     3
COLORADO    4    5      6     7
NEW YORK    8    9     10    11


#通过 rename() 函数将 index 变为大写
data_2 = data.rename(index=str.title, columns=str.upper)
Out:
          one  two  three  four
OHIO        0    1      2     3
COLORADO    4    5      6     7
NEW YORK    8    9     10    11


#结合字典型对象使用 rename() 函数
```

```
data.rename(index={'Ohio':'eee'},columns={'three':'三'},inplace=True)
Out:
          one  two   three four
eee        0    1     2     3
COLORADO   4    5     6     7
NEW YORK   8    9    10    11
```

4.4.4 连续数据离散化

在一些算法中，要求输入的数据为离散数据，但是现实中的数据往往是连续数据和离散数据混合而成的。对于连续数据，一般把数据分离成"箱子"进行分析。

在 Pandas 库中，使用 cut()函数来把一组数据分割成离散的区间。例如有一组年龄数据，可以使用 pandas.cut()将年龄数据分割成不同的年龄段并打上标签。下面介绍 cut()函数的用法。

函数的格式如下：

```
pandas.cut(x, bins, right=True, labels=None, retbins=False, precision=3,
include_lowest=False, duplicates='raise')
```

x：被切分的类数组（array-like）数据，必须是一维的（不能用 DataFrame）。

bins：被切割后的区间个数（或者叫"桶""箱""面元"），有 int 型的标量、标量序列（数组）或者 pandas.IntervalIndex 共 3 种形式。

● int 型的标量。当 bins 为一个 int 型的标量时，代表将 x 平分成 bins 份。x 的范围在每侧扩展 0.1%，以包括 x 的最大值和最小值。

● 标量序列。标量序列定义了被分割后每一个 bins 的区间边缘，此时 x 没有扩展。

● pandas.IntervalIndex。该参数用于定义要使用的精确区间。

right：布尔型的参数，默认为 True，表示是否包含区间右侧。例如，如果 bins=[1,2,3],right=True，则区间为(1,2]，(2,3]；如果 right=False，则区间为(1,2)，(2,3)。

labels：给分割后的 bins 打上标签。例如，把年龄 x 分割成年龄段 bins 后，可以给年龄段打上诸如青年、中年的标签。labels 的长度必须和划分后的区间长度相等，如 bins=[1,2,3]，划分后有 2 个区间(1,2]，(2,3]，则 labels 的长度必须为 2。如果指定 labels=False，则返回的是 x 中的数据在 bins 中的顺序值（从 0 开始）。

retbins：布尔型的参数，表示是否将分割后的 bins 返回，当 bins 为一个 int 型的标量时比较有用，这样可以得到划分后的区间，默认为 False。

precision：保留区间小数点的位数，默认值为 3。

include_lowest：布尔型的参数，表示区间的左侧是开的还是闭的，默认为 False，也就是不包含区间左侧（开）。

duplicates：是否允许区间重复，有两种选择，raise 表示不允许，drop 表示允许。

该函数返回值的含义如下。

out：一个 pandas.Categorical、Series 或者 ndarray 类型的值，代表分区后 x 中的每个值在哪个 bins（区间）中，如果指定了 labels，则返回对应的标签。

retbins：分割后的区间，当指定 retbins 为 True 时返回分割后的区间。

示例代码如下：

```
#设立一个年龄的一维数组
ages = [20, 22, 25, 27, 21, 23, 37, 31, 61, 45, 41, 32]
# 各组的下界
bins=[18,25,35,60,100]
# 进行分组
cats=pd.cut(ages,bins)
Out:
[(18, 25], (18, 25], (18, 25], (25, 35], (18, 25], ..., (25, 35], (60, 100], (35, 60],
(35, 60], (25, 35]]
Length: 12
Categories (4, interval[int64]): [(18, 25] < (25, 35] < (35, 60] < (60, 100]]
#设定一组年龄数据再返回一组 bins
ages = np.array([1,5,10,40,36,12,58,62,77,89,100,18,20,25,30,32]) #年龄数据
pd.cut(ages, [0,5,20,30,50,100], labels=[u"婴儿",u"青年",u"中年",u"壮年",u"老年"],
retbins=True)
Out:
([婴儿, 婴儿, 青年, 壮年, 壮年, ..., 青年, 青年, 中年, 中年, 壮年]
 Length: 16
 Categories (5, object): [婴儿 < 青年 < 中年 < 壮年 < 老年],
 array([  0,   5,  20,  30,  50, 100]))
```

4.4.5　哑变量处理

在前面已经介绍了哑变量的含义，下面将介绍开源包 category_encoders。可以使用多种不同的编码技术把类别变量转换为数值型变量，并且符合 Scikit-Learn 模式（Python 语言中机器学习工具的数据格式）的转换。

由于 category_encoders 是外部的包，因此需要下载并导入。打开命令提示符窗口，使用 pip 或 conda 两种命令方式均可下载：

```
pip install category_encoders
conda install -c conda-forge category_encoders
```

其中的编码方式有以下 10 种。

（1）OrdinalEncoder：序列编码。

（2）OneHotEncoder：独热编码。

（3）TargetEncoder：目标编码。

（4）BinaryEncoder：二进制编码。

（5）BaseNEncoder：贝叶斯编码。

（6）LeaveOneOutEncoder：留一法编码。

（7）HashingEncoder：哈希编码。

（8）CatBoostEncoder：目标编码。

（9）CountEncoder：频率编码。

（10）WOEEncoder：证据权重编码。

调用方式是 ce.编码名(cols=[...])，使用时在函数的 cols 参数中代入由需要转换的列名组成的列表即可。例如使用序列编码的调用方式为 ce.OrdinalEncoder(cols=[...])。

下面使用二进制编码的方式对数据进行转换，示例代码如下：

```
import category_encoders as ce
# 准备数据
df = pd.DataFrame({'ID':[1,2,3,4,5,6],
                   'RATING':['G','B','G','B','B','G']})
# 使用二进制编码的方式来编码类别变量
encoder = ce.BinaryEncoder(cols=['RATING']).fit(df)
# 转换数据
numeric_dataset = encoder.transform(df)
Out:
#转换前:
ID   RATING
0    1      G
1    2      B
2    3      G
3    4      B
4    5      B
5    6      G


# 转换后:
RATING_0      RATING_1      ID
0    0            1           1
1    1            0           2
2    0            1           3
3    1            0           4
4    1            0           5
5    0            1           6
```

4.4.6　数据标准化

数据标准化是机器学习、数据挖掘常用的方法。在深度学习研究中，数据标准化是最基本的步骤。数据标准化主要用来应对特征向量中数据很分散的情况，防止小数据被大数据（绝对值）吞并。

下面介绍几种常用的标准化方法。

定义一个数组 data = [1, 3, 4, 5, 2, 13, 23, 71, 11, 19, 9, 24, 38]。

（1）Min-Max 标准化。这种方法对原始数据进行线性变换，使结果值映射到[x, y]区间。公式如下：

$$V' = \frac{v - \text{Min}}{\text{Max} - \text{Min}}(x - y) + y$$

其中，Min 为数据的最小值，Max 为数据的最大值。

示例代码如下：

```
# 标准化计算
data0 = [(x - min(data))/(max(data) - min(data)) for x in data]
```

```
Out:
0.00  0.03 0.04 0.06 0.01 0.17 0.31 1.00 0.14 0.26 0.11 0.33 0.53
```

（2）Z-score 标准化。这种方法对原始数据的均值（Mean）和标准差（Standard Deviation）进行数据的标准化。经过处理的数据符合标准正态分布，即均值为 0，标准差为 1。公式如下：

$$V' = \frac{v - A}{\sigma A}$$

其中，A 为均值，σA 为标准差。

示例代码如下：

```
from __future__ import print_function
import math
# 均值
average = float(sum(data))/len(data)
# 方差
total = 0
for value in data:
    total += (value - average) ** 2
stdev = math.sqrt(total / len(data))
# Z-score 标准化方法
data1 = [(x-average)/stdev for x in data]
Out:
-0.86 -0.76 -0.70 -0.65 -0.81 -0.22 0.31 2.88 -0.33 0.10 -0.44 0.37 1.11
```

（3）均值归一化。这种方法有两种，以 Max 为分母的归一化方法和以 Max–Min 为分母的归一化方法。

$$X = (value - u)/\text{Max}$$
$$X = (value - u) / (\text{Max} - \text{Min})$$

示例代码如下：

```
from __future__ import print_function
# 均值
average = float(sum(data))/len(data)
# 均值归一化方法
data2_1 = [(x - average )/max(data) for x in data]
data2_2 = [(x - average )/(max(data) - min(data)) for x in data]
```

（4）log 函数转换。

示例代码如下：

```
from __future__ import print_function
import math
# log₂函数转换
data3_1 = [math.log2(x) for x in data]
# log₁₀函数转换
data3_2 = [math.log10(x) for x in data]
```

习　题

（1）数据清洗主要包括哪几个方面？

（2）造成缺失值的因素有哪些？

（3）处理缺失值的方法有什么？具体原理是什么？

（4）删除重复值时使用什么函数？具体如何使用？

（5）检验异常值的方法有哪些？

（6）数据转换有哪些方法？

（7）什么是映射？映射在 Python 中是如何表现的？

（8）map()函数是用来干什么的？如何使用？

（9）什么是哑变量？为什么要使用哑变量？

（10）自己编写代码，尝试规范下列数字：

200，300，400，600，1000

第5章
数据规整与分组聚合

学习目标

● 掌握数据规整的方法

● 掌握数据分组的机制

● 掌握使用 groupby 对象中的聚合函数对数据进行聚合的方法

● 理解并掌握各类聚合函数的使用方法

● 了解数据规整与分组聚合的目的和意义

在对数据的研究中，首先要确定数据分析的目标问题，然后明确数据采集的对象，之后通过数据采集及数据预处理得到初步的数据结果，接下来在进行数据的探索与分析之前，需要审查数据是否满足数据处理应用的要求，需要对数据进行规范化，包括对数据进行转换、合并、重塑。完成数据规整后，再对数据进行分组聚合，分组聚合处理后的数据将更便于研究分析。本章将介绍数据规整的方法，以及如何对数据进行分组聚合。

5.1　数据规整

数据规整是对数据进行探索与分析前做的最后一次处理，主要包括数据联合与合并、分层索引、数据重塑。

5.1.1　数据联合与合并

使用 Pandas 库可以将对象中的数据通过多种方法联合在一起，主要有 3 种方式：数据库风格的 DataFrame 对象连接、根据索引合并、沿轴向连接。

1. 数据库风格的 DataFrame 对象连接

合并或连接操作是通过一个或多个键连接行的方式来联合数据集的，这些操作是关系数据库的核心（如基于 SQL 的数据库）。Pandas 库中的 merge()函数主要用于将各种 join 操作算法运用在相应的数据上。下面先创建 df1 和 df2 两个对象，并分别创建不同的数据，然后使用 merge()函数对它们进行合并，并观察输出结果，示例代码如下：

```
>>> import pandas as pd
>>> # 创建数据 df1=pd.DataFrame({'key':['b','b','a','a','c','a','b'],'data1':range(7)})
```

数据库风格的
DataFrame 对象
连接

```
>>> df2=pd.DataFrame({'key':['a','b','d'],'data2':range(3)})
>>> df1
  key data1
0  b     0
1  b     1
2  a     2
3  a     3
4  c     4
5  a     5
6  b     6
>>> df2
  key data2
0  a     0
1  b     1
2  d     2
>>> # 数据连接操作
>>> pd.merge(df1,df2)
  key data1 data2
0  b     0     1
1  b     1     1
2  b     6     1
3  a     2     0
4  a     3     0
5  a     5     0
```

这样的合并方法并没有指定在哪一列上进行连接。如果没有指定连接键，merge()函数会自动将重叠列名作为连接键。但是，在实际使用过程中，显式地指定连接键才能更好地实现需求。下列代码中指定 key 作为合并条件：

```
>>> 指定连接键
>>> pd.merge(df1,df2,on='key')
  key data1 data2
0  b     0     1
1  b     1     1
2  b     6     1
3  a     2     0
4  a     3     0
5  a     5     0
```

如果每个对象的列名不同，则可以分别为它们指定列名。如果左右侧 DataFrame 对象的连接键列名不一致，但是取值有重叠，则可使用参数 left_on、right_on 来指定左右连接键。

参数 left_on 将左侧 DataFrame 对象中的列名或索引级名称用作键，参数 right_on 将右侧 DataFrame 对象中的列名或索引级名称用作键。两者都可以是列名、索引级名称，也可以是长度等于 DataFrame 对象长度的数组，示例代码如下：

```
>>> # 创建数据
df3=pd.DataFrame({'akey':['b','b','a','a','c','a','b'],'data':range(7)})
>>> df4=pd.DataFrame({'bkey':['a','b','d'],'data2':range(3)})
>>> pd.merge(df3,df4,left_on='akey',right_on='bkey')
  akey data bkey data2
```

```
0    b    0    b    1
1    b    1    b    1
2    b    6    b    1
3    a    2    a    0
4    a    3    a    0
5    a    5    a    0
```

默认情况下，merge()函数做的是 inner 连接，即内连接，结果中的键是两张表的交集。这个函数还有其他可选的选项，即 left、right 和 outer，分别代表左连接、右连接和外连接。外连接是键的并集，联合了左连接和右连接的效果。

下面的代码分别对 df1 和 df2 进行了左连接、右连接和外连接：

```
>>> # 左连接
>>> pd.merge(df1,df2,how='left')
  key  data1  data2
0   b      0    1.0
1   b      1    1.0
2   a      2    0.0
3   a      3    0.0
4   c      4    NaN
5   a      5    0.0
6   b      6    1.0
>>> 右连接
>>> pd.merge(df1,df2,how='right')
  key  data1  data2
0   a    2.0      0
1   a    3.0      0
2   a    5.0      0
3   b    0.0      1
4   b    1.0      1
5   b    6.0      1
6   d    NaN      2
>>> # 外连接
>>> pd.merge(df1,df2,how='outer')
  key  data1  data2
0   b    0.0    1.0
1   b    1.0    1.0
2   b    6.0    1.0
3   a    2.0    0.0
4   a    3.0    0.0
5   a    5.0    0.0
6   c    4.0    NaN
7   d    NaN    2.0
```

2. 根据索引合并

如果 DataFrame 对象中用于合并的键是它的索引，则可以通过传递参数 left_index=True 或 right_index=True（或者两者都传递）来表示索引需要用来作为合并的键。下面创建两个对象 left1 和 right1，由于默认的合并方法是连接键相交，因此这里使用外连接进行合并，示例代码如下：

```
>>> import pandas as pd
>>> left1=pd.DataFrame({'key':['a','c','b','a','b','c'],'value':range(6)})
```

```
>>> right1=pd.DataFrame({'group_val':[3,5,7]},index=['a','b','c'])
>>> left1
  key  value
0  a     0
1  c     1
2  b     2
3  a     3
4  b     4
5  c     5
>>> right1
   group_val
a     3
b     5
c     7
>>> pd.merge(left1,right1,left_on='key',right_index=True,how='outer')
  key  value  group_val
0  a     0       3
3  a     3       3
1  c     1       7
5  c     5       7
2  b     2       5
4  b     4       5
```

3. 沿轴向连接

另一种数据组合操作可称为拼接、绑定或堆叠。NumPy 库中的 concatenate()函数可以在 NumPy 数组上实现该功能。下面先导入 NumPy 库建立一个数组，然后将数组沿轴向连接，示例代码如下：

```
>>> import numpy as np
>>> arr=np.arange(12).reshape((3,4))
>>> arr
array([[ 0,  1,  2,  3],
       [ 4,  5,  6,  7],
       [ 8,  9, 10, 11]])
>>> np.concatenate([arr,arr],axis=1)
array([[ 0,  1,  2,  3,  0,  1,  2,  3],
       [ 4,  5,  6,  7,  4,  5,  6,  7],
       [ 8,  9, 10, 11,  8,  9, 10, 11]])
```

在 Series 和 DataFrame 等 Pandas 对象的上下文中，使用标记的轴可以进一步泛化数组连接，但存在以下几个问题。

（1）如果对象在其他轴上的索引不同，那么应该如何将不同的元素组合在这些轴上？

（2）连接的数据块在结果对象中如何被识别？

（3）连接轴是否包含需要保存的数据？

Pandas 库中的 concat()函数提供了一种一致的方式来解决以上问题。用列表中的这些对象调用 concat()函数会将值和索引连在一起。下面建立 3 个 Series 对象，并使用 concat()函数拼接它们，示例代码如下：

```
>>> import pandas as pd
>>> s1=pd.Series([0,1],index=['a','b'])
>>> s2=pd.Series([3,5,7],index=['c','d','e'])
```

```
>>> s3=pd.Series([4,6],index=['f','g'])
>>> pd.concat([s1,s2,s3])
a    0
b    1
c    3
d    5
e    7
f    4
g    6
dtype: int64
```

axis 属性用来控制轴向，默认值为 0；join 属性用来控制连接方式，如 outer 代表外连接。下面先连接 s1 和 s2，将结果作为 s4，然后对 s1 和 s4 采用 axis=1，join='inner'的方式连接，示例代码如下：

```
>>> s4=pd.concat([s1,s2])
>>> s4
a    0
b    1
c    3
d    5
e    7
dtype: int64
>>> pd.concat([s1,s4],axis=1,join='inner')
   0 1
a  0 0
b  1 1
```

5.1.2 分层索引

分层索引是 Pandas 库的一个重要特性，用来实现一个轴（Axis）上有多个索引层级（Index Levels）。这样做的好处是可以在低维度的格式下处理高维度数据。分层索引的作用是改变数据的形状。下面先创建一个 Series 对象，然后查看 index，再通过访问部分索引 data['c']做到分层索引，最后用 unstack()函数改变数据的排列方式，示例代码如下：

```
>>> import numpy as np
>>> import pandas as pd
>>>
data=pd.Series(np.random.randn(9),index=[['a','a','b','c','c','c','c','d','d'],[1,3,2,
2,1,3,4,1,3]])
>>> data
a  1    0.810549
   3    1.379407
b  2    0.712913
c  2   -0.355158
   1   -2.045766
   3   -0.170729
   4    0.093375
d  1    1.233373
   3    0.251939
dtype: float64
```

```
>>> data.index
MultiIndex([('a', 1),
            ('a', 3),
            ('b', 2),
            ('c', 2),
            ('c', 1),
            ('c', 3),
            ('c', 4),
            ('d', 1),
            ('d', 3)],
           )
>>> data['c']
2   -0.355158
1   -2.045766
3   -0.170729
4    0.093375
dtype: float64
>>> data.unstack()
          1         2         3         4
a  0.810549       NaN  1.379407       NaN
b       NaN  0.712913       NaN       NaN
c -2.045766 -0.355158 -0.170729  0.093375
d  1.233373       NaN  0.251939       NaN
```

对于 DataFrame 对象，任何一个轴都可以有一个分层索引。下面创建一个 DataFrame 对象，给这个对象中的每个层级都起一个名字，分别给 index 起名为 key1 和 key2，给 columns 起名为 t1 和 t2，然后通过访问 x 来进行分层索引，示例代码如下：

```
>>> import numpy as np
>>> import pandas as pd
>>>
data=pd.DataFrame(np.arange(12).reshape((4,3)),index=[['a','a','b','b'],[1,2,1,2]],columns=
[['x','x','y'],['xa','xb','ya']])
>>> data
     x       y
    xa xb  ya
a 1  0   1   2
  2  3   4   5
b 1  6   7   8
  2  9  10  11
>>> data.index.names=['key1','key2']
>>> data.columns.names=['t1','t2']
>>> data
t1         x       y
t2        xa xb  ya
key1 key2
a    1     0   1   2
     2     3   4   5
b    1     6   7   8
     2     9  10  11
>>> data['x']
t2        xa xb
key1 key2
a    1     0   1
```

```
        2   3   4
    b   1   6   7
        2   9   10
```

5.1.3　数据重塑

数据重塑是指将数据重新排列，也叫轴向旋转，可以通过 pivot()函数实现。下面通过一个案例来说明什么是数据重塑。一群人下班后相约去超市买东西，每个人想买的东西都不一样，从超市出来后有人花得钱多，有人花得钱少。我们基于单号、姓名、物品名称、价格创建一个表格，这时只有单号对我们来说是不重复的，即收银台打出的账单的格式。但是通常我们想要知道的是每个人买了什么东西，也就是想构建一个以 name 为索引的表，这时就可以使用 pivot()函数。

下面创建一个购物清单，data 中记录了 3 个不同的人买了 3 种不同的商品，因此记录的是订单情况。使用 pivot()函数转化后，可以看到每个人分别买了哪些物品，数量是多少，数据重塑使数据变得更有价值，示例代码如下：

```
>>> import numpy as np
>>> import pandas as pd
>>>
data=pd.DataFrame({'id':[1,2,3,4,5],'name':['Tim','Ann','Ann','Tommy','Tim'],'to-buy':
['milk','milk','banaba','coca','coca'],'value':[2,2,3,1,1]})
>>> data
   id   name   to-buy  value
0   1    Tim    milk      2
1   2    Ann    milk      2
2   3    Ann  banaba      3
3   4  Tommy    coca      1
4   5    Tim    coca      1
>>> data.pivot('name','to-buy','value')
to-buy  banaba  coca  milk
name
Ann        3.0   NaN   2.0
Tim        NaN   1.0   2.0
Tommy      NaN   1.0   NaN
```

总的来讲，pivot()函数擅长处理堆叠格式的数据。堆叠格式也叫长格式，关系数据库存储时间序列等数据时经常会采用此格式，如上面代码中未经处理的 data 数据就是堆叠格式。虽然这种存储格式对关系数据库是友好的，不仅保持了关系完整性还提供了方便的查询支持，但是对数据进行操作可能就不那么方便了。使用 DataFrame 的数据格式在处理数据时会更加方便，所以在很多情况下会使用 pivot()函数来将数据转化为更好处理、更加直观的形式。

5.2　数据分组

数据分组聚合

哈德利·威克汉姆（Hadley Wickham）（许多热门 R 语言包的作者）创造了一个用于表示分组运算的术语 Split-Apply-Combine（拆分—应用—合并）。第一个阶段，Pandas 对象中的数据会基于提供的一个或多个键被拆分（Split）为多组。本节将对数据分组进行详细介绍。

5.2.1 创建分组数据

为了更好地讲解数据分组，本小节创建一些示例数据，如图 5-1 所示，示例代码如下：

```
import pandas
# 读取 CSV 数据
data = pandas.read_csv('F:\Pandas\employee.csv')
print(data)
```

```
    Company Name  Age  Height  Weight  Salary
0         A   a1   47     188    63.7    9000
1         A   a3   39     172    55.9    9000
2         A   a4   43     158    62.5    8000
3         B   b1   49     169    95.9    7000
4         B   b3   33     185    59.7    8000
5         B   b5   36     171    68.4   10000
6         C   c3   37     174    82.8    9000
7         C   c4   41     190    61.8    8000
8         C   c5   36     165    84.3    8000
9         D   d2   52     190    84.7    9000
10        D   d5   50     173    85.7    8000
11        D   d6   45     178    92.5    9000
12        E   e4   37     167    91.3    7000
13        E   e7   44     164    51.9    7000
14        E   e8   58     174    68.1    9000
```

图 5-1 示例数据

5.2.2 运用 groupby()函数分组

分组操作在日常生活中使用得非常广泛，例如：

（1）根据公司分组，求员工工资的平均值；

（2）根据班级分组，统计高考成绩超过一本线分数的高三学生数量。

从以上两个例子可以看出，分组需要明确 3 个要素：分组依据、条件数据、操作。用 groupby() 函数表示为：

```
# 代码的一般模式
data.groupby(分组依据)[条件数据].操作
```

"分组依据"为想要分组的字段，groupby()函数将会根据此字段对数据进行分组，将相同的记录分为一组；"条件数据"则为分组后想要提取出来再进行进一步处理的数据列；"操作"则是对目标数据列进行一系列的统计计算，得出最终想要的结果。下面对公司各员工的工资求平均值，结果如图 5-2 所示，示例代码如下：

```
# 按 Company 分组，求 Salary 的平均值
print(data.groupby('Company')['Salary'].mean())
```

上面的代码先将 Company 这一列作为分组依据，传递参数给 groupby()函数，groupby()函数将相同的记录都分为一组；然后将分组后数据对象的 Salary 字段作为条件依据，进行筛选，提取出需要进一步处理的数据列；最后使用 GroupBy 机制中提供的预置聚合方法，调用 mean()方法，达到求工资平均值的目的。这样就利用 groupby()函数完成了统计公司各员工工资平均值的处理任务。

如果需要根据多个维度进行分组该怎么做呢？只需在 groupby()函数中传入由相应列名构成

的列表即可。例如要按公司和工资分组后求年龄平均值，结果如图 5-3 所示，示例代码如下：

```
# 根据 Company、Salary 分组，求 Age 的平均值
print(data.groupby(['Company','Salary'])['Age'].mean())
```

上面的例子中分组依据都是直接获取的列的名字，可不可以将复杂逻辑作为分组依据呢？例如，根据年龄是否超过平均值来分组，然后查看员工的平均身高，结果如图 5-4 所示，示例代码如下：

```
# 条件: 年龄是否超过平均值
condition = data.Age > data.Age.mean()
print(data.groupby(condition)['Height'].mean())
```

```
Company
A    8666.666667
B    8333.333333
C    8333.333333
D    8666.666667
E    7666.666667
Name: Salary, dtype: float64
```

图 5-2　公司各员工工资的平均值

```
Company  Salary
A        8000      43.0
         9000      43.0
B        7000      49.0
         8000      33.0
         10000     36.0
C        8000      38.5
         9000      37.0
D        8000      50.0
         9000      48.5
E        7000      40.5
         9000      58.0
Name: Age, dtype: float64
```

图 5-3　求年龄平均值

```
Age
False    172.750000
True     176.571429
Name: Height, dtype: float64
```

图 5-4　平均身高

如果想不做任何计算，只看分组后的数据，可以对分组进行迭代操作，结果如图 5-5 所示，示例代码如下：

```
# 根据 Company、Salary 分组，遍历查看每项数据
for name, group in data.groupby(['Company','Salary']):
    print(name)
    print(group)
    print()
```

```
7000
    Company Name  Age  Height  Weight  Salary
3         B    b1   49     169    95.9    7000
12        E    e4   37     167    91.3    7000
13        E    e7   44     164    51.9    7000

8000
    Company Name  Age  Height  Weight  Salary
2         A    a4   43     158    62.5    8000
4         B    b3   33     185    59.7    8000
7         C    c4   41     190    61.8    8000
8         C    c5   36     165    84.3    8000
10        D    d5   50     173    85.7    8000

9000
    Company Name  Age  Height  Weight  Salary
0         A    a1   47     188    63.7    9000
1         A    a3   39     172    55.9    9000
6         C    c3   37     174    82.8    9000
9         D    d2   52     190    84.7    9000
11        D    d6   45     178    92.5    9000
14        E    e8   58     174    68.1    9000

10000
    Company Name  Age  Height  Weight  Salary
5         B    b5   36     171    68.4   10000
```

图 5-5　分组后的数据

从以上结果能够发现，这些分组操作均用了 Pandas 库中的 groupby 对象，该对象定义了很多方法，也有一些方便的属性，例如可以用来获取分组后的对象，结果如图 5-6 所示，示例代码如下：

```
# 获取分组后的对象
object = data.groupby('Salary')
print(object)
```

```
<pandas.core.groupby.generic.DataFrameGroupBy object at 0x000002EFFB7D66D8>
```

图 5-6　获取分组后的对象

可以调用 ngroups 属性，用于查看分组的数量：

```
print(object.ngroups)
```

```
>>> out: 4
```

其中也有 size()方法，用于查看各个组的容量，结果如图 5-7 所示，示例代码如下：

```
print(object.size())
```

```
Salary
7000      3
8000      5
9000      6
10000     1
dtype: int64
```

图 5-7　各个组的容量

可以调用 groups 属性，用于查看各个组的序号记录，结果如图 5-8 所示，示例代码如下：

```
print(object.groups)
```

```
{7000: [3, 12, 13], 8000: [2, 4, 7, 8, 10], 9000: [0, 1, 6, 9, 11, 14], 10000: [5]}
```

图 5-8　各个组的序号记录

可以调用 describe()方法，用于查看数据的基本统计量，结果如图 5-9 所示，示例代码如下：（该方法只对数值有效。）

```
# 身高数值
print(object['Height'].describe())
```

```
        count       mean        std    min    25%    50%    75%    max
Salary
7000      3.0  166.666667   2.516611  164.0  165.5  167.0  168.0  169.0
8000      5.0  174.200000  13.367872  158.0  165.0  173.0  185.0  190.0
9000      6.0  179.333333   7.763161  172.0  174.0  176.0  185.5  190.0
10000     1.0  171.000000        NaN  171.0  171.0  171.0  171.0  171.0
```

图 5-9　数据的基本统计量（1）

换种方式查看，可以用 unstack()方法，结果如图 5-10 所示，示例代码如下：

```
# 身高数值
print(object['Height'].describe().unstack())
```

```
        Salary
count 7000        3.000000
      8000        5.000000
      9000        6.000000
      10000       1.000000
mean  7000      166.666667
      8000      174.200000
      9000      179.333333
      10000     171.000000
std   7000        2.516611
      8000       13.367872
      9000        7.763161
              ...
```

图 5-10 数据的基本统计量（2）

此外，前文调用的 mean()方法也是 groupby 对象的一个方法。

groupby 对象的返回值有标量值、Series 对象、DataFrame 对象 3 种类型，由此引申出数据的聚合、变换和过滤三大操作。过滤其实就是对 filter()函数的应用，过滤的操作与聚合、变换的操作类似，请读者自己实践，本书不做介绍。

5.3 数据聚合

完成分组后，需要将一个函数应用（Apply）到各个分组中并产生一个新值。然后所有这些函数的执行结果会被合并（Combine）到最终的结果对象中。结果对象的形式一般取决于在数据上执行的操作。

一个简单的分组聚合过程如图 5-11 所示。

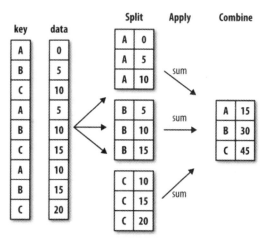

图 5-11 简单的分组聚合过程

5.3.1 groupby 对象中预置的聚合函数

因为 groupby 对象的聚合函数的运行速度经过了内部优化，所以在开发时应优先考虑。根据标量值的原则，常用的聚合函数如表 5-1 所示。

表 5-1   常用的聚合函数

函数	说明
count()	返回分组中非 NaN 值的数量
sum()	返回数值的总和
mean()	返回数值的平均值
mdian()	返回数值的算术中位数
min()	返回非 NaN 值的最小值
max()	返回非 NaN 值的最大值
prod()	返回非 NaN 值的乘积
first()	返回第一个非 NaN 值
last()	返回最后一个非 NaN 值

此外，groupby 对象还有一些较为复杂的计算函数。

mad()函数用于计算平均绝对偏差，即每个值与均值的差的绝对值的平均值，计算公式如下：

$$\bar{d} = \frac{|x_1 - \bar{x}| + |x_2 - \bar{x}| + \cdots + |x_n - \bar{x}|}{n} = \frac{\sum_{i=1}^{n}|x_i - \bar{x}|}{n} \tag{5-1}$$

调用该函数后得到的结果如图 5-12 所示，示例代码如下：

```
print(object.mad())
```

std()函数用于计算标准差，结果如图 5-13 所示，示例代码如下：

```
print(object.std())
```

```
            Age       Height      Weight
Salary
7000     4.222222   1.777778   18.533333
8000     4.880000  10.640000   11.360000
9000     6.000000   6.444444   12.050000
10000    0.000000   0.000000    0.000000
```

图 5-12 平均绝对偏差

```
            Age       Height      Weight
Salary
7000     6.027714   2.516611   24.185119
8000     6.580274  13.367872   13.013070
9000     7.890923   7.763161   14.145023
10000        NaN        NaN         NaN
```

图 5-13 标准差

var()函数用于计算方差，结果如图 5-14 所示，示例代码如下：

```
print(object.var())
```

sem()函数用于计算平均值的标准误差，即均值的标准差，计算公式如下：

$$d = \frac{\sigma}{\sqrt{n}} \tag{5-2}$$

调用该函数后得到的结果如图 5-15 所示，示例代码如下：

```
print(object.sem())
```

```
            Age        Height       Weight
Salary
7000     36.333333   6.333333   584.920000
8000     43.300000 178.700000   169.340000
9000     62.266667  60.266667   200.081667
10000         NaN        NaN          NaN
```

图 5-14 方差

```
            Age       Height      Weight
Salary
7000     3.480102   1.452966   13.963285
8000     2.942788   5.978294    5.819622
9000     3.221456   3.169297    5.774681
10000        NaN        NaN         NaN
```

图 5-15 平均值的标准误差

5.3.2 agg()函数与 transform()函数

虽然 groupby 对象内置了很多方便的函数，但还是有不便之处：无法同时使用多个函数；无法对特定的列使用特定的聚合函数；无法使用自定义的聚合函数；无法重命名结果的列名。

下面介绍如何用 agg()函数解决以上 4 个问题。

1. 同时使用多个函数

用列表的形式将内置函数传入 agg()函数。使用 sum()函数和 count()函数的结果如图 5-16 所示，示例代码如下：

```
# 查看分组数据的总和和 count 值
print(object.agg(['sum','count']))
```

	Company		Name		Age		Height		Weight	
	sum	count	sum	count	sum	count	sum	count	sum	count
Salary										
7000	BEE	3	b1e4e7	3	130	3	500	3	239.1	3
8000	ABCCD	5	a4b3c4c5d5	5	203	5	871	5	354.0	5
9000	AACDDE	6	a1a3c3d2d6e8	6	278	6	1076	6	447.7	6
10000	B	1	b5	1	36	1	171	1	68.4	1

图 5-16 查看分组数据的总和和 count 值

从图中可以看出，此时的列索引为多级索引，第一层为数据源，第二层为聚合方法。

2. 对特定的列使用特定的聚合函数

构造字典并将字典传入 agg()函数。分组数据的指定聚合结果如图 5-17 所示，示例代码如下：

```
# 查看 Age 的平均值和中位数、Height 的最大值和最小值、Weight 的标准差
print(object.agg({'Age':['mean','median'], 'Height':['max','min'],
'Weight':'std'}))
```

3. 使用自定义的聚合函数

在 agg()函数中使用 lambda 自定义函数，计算分组数据最大值与最小值的差，结果如图 5-18 所示，示例代码如下：

```
# lambda 里的 x 就是分组的各项数据，会根据其后的条件进行计算
print(object.agg(lambda x:x.max()-x.min()))
```

	Age		Height		Weight
	mean	median	max	min	std
Salary					
7000	43.333333	44	169	164	24.185119
8000	40.600000	41	190	158	13.013070
9000	46.333333	46	190	172	14.145023
10000	36.000000	36	171	171	NaN

图 5-17 查看分组数据的指定聚合结果

	Age	Height	Weight
Salary			
7000	12	5	44.0
8000	17	32	26.0
9000	21	18	36.6
10000	0	0	0.0

图 5-18 查看分组数据最大值与最小值的差

4. 重命名结果的列名

将上述函数改写成元组，第一个参数是自定义名，第二个参数是采用的函数，包括内置函数和自定义函数。现举例子说明，直接重命名结果和指定列的重命名结果，分别如图 5-19 和图 5-20 所示，示例代码如下：

```
# 将最大值与最小值的差所在的列重命名为range，将median列重命名为中位数
print(object.agg([('range',lambda x:x.max()-x.min()),('中位数','median')]))
```

```
# 查看Age的年龄差和Height的方差
print(object.agg({'Age':[('年龄差',lambda x:x.max()- x.min())], 'Height':[('方差',
'var')]}))
```

	Age		Height		Weight	
	range	中位数	range	中位数	range	中位数
Salary						
7000	12	44	5	167	44.0	91.30
8000	17	41	32	173	26.0	62.50
9000	21	46	18	176	36.6	75.45
10000	0	36	0	171	0.0	68.40

图 5-19   直接重命名结果

	Age	Height
	年龄差	方差
Salary		
7000	12	6.333333
8000	17	178.700000
9000	21	60.266667
10000	0	NaN

图 5-20   指定列的重命名结果

最常用的内置变换函数是累计函数，包括 cumcount()、cumsum()、cumprod()、cummax()、cummin()，它们的使用方式和聚合函数的使用方式类似。

自定义变换需要使用 transform()函数，被调用的自定义函数中的参数类型与 agg()函数传入的参数类型一致，参数值为数据源中的列。例如，对年龄、身高和体重进行标准化，标准化结果如图 5-21 所示，示例代码如下：

```
# 示例数据默认的数值列为Age、Height、Weight
print(object.transform(lambda x:(x-x.mean()) / x.std()))
```

```
        Age     Height     Weight
0   0.084485   1.116384  -0.771767
1  -0.929338  -0.944632  -1.323198
2   0.364726  -1.211861  -0.637820
3   0.940102   0.927173   0.669833
4  -1.154967   0.807907  -0.852989
5        NaN        NaN        NaN
6  -1.182794  -0.687005   0.578531
7   0.060788   1.181938  -0.691612
8  -0.699059  -0.688217   1.037419
9   0.718125   1.374011   0.712854
10  1.428512  -0.089767   1.145003
11 -0.168971  -0.171751   1.264285
12 -1.050702   0.132453   0.479634
13  0.110600  -1.059626  -1.149467
14  1.478492  -0.687005  -0.460704
```

图 5-21   数据的标准化结果

注意，用 transform()函数处理后的数据结果与前面的结果不一样：没有分组，但计算是按照分组后的数据进行的。也许这个操作的意义不大，但下面的操作就很容易理解了，对 3 组数据进行标准化，结果如图 5-22 所示，示例代码如下：

```
# 新增3列数据
data['Age_std'] = object['Age']              \
.transform(lambda x:(x-x.mean()) / x.std())
data['Height_std'] = object['Height']       \
.transform(lambda x:(x-x.mean()) / x.std())
```

```
data['Weight_std'] = object['Weight']    \
.transform(lambda x:(x-x.mean()) / x.std())
print(data)
```

```
   Company Name  Age  Height  Weight  Salary  Age_std   Height_std  Weight_std
0    A       a1   47    188    63.7    9000   0.084485   1.116384   -0.771767
1    A       a3   39    172    55.9    9000  -0.929338  -0.944632   -1.323198
2    A       a4   43    158    62.5    8000   0.364726  -1.211861   -0.637820
3    B       b1   49    169    95.9    7000   0.940102   0.927173    0.669833
4    B       b3   33    185    59.7    8000  -1.154967   0.807907   -0.852989
5    B       b5   36    171    68.4   10000      NaN        NaN         NaN
6    C       c3   37    174    82.8    9000  -1.182794  -0.687005    0.578531
7    C       c4   41    190    61.8    8000   0.060788   1.181938   -0.691612
8    C       c5   36    165    84.3    8000   0.699059  -0.688217    1.037419
9    D       d2   52    190    84.7    9000   0.718125   1.374011    0.712854
10   D       d5   50    173    85.7    8000   1.428512  -0.089767    1.145003
11   D       d6   45    178    92.5    9000  -0.168971  -0.171751    1.264285
12   E       e4   37    167    91.3    7000  -1.050702   0.132453    0.479634
13   E       e7   44    164    51.9    7000   0.110600  -1.059626   -1.149467
14   E       e8   58    174    68.1    9000   1.478492  -0.687005   -0.460704
```

图 5-22　3 组数据的标准化结果

经 transform()函数处理后呈现的是每一条数据的计算结果，这样有助于对比查看数据。

5.3.3　apply()函数的应用

实际应用中还有一类场景用前面介绍的函数无法实现，例如分组计算身体质量指数 BMI，计算公式如下：

$$BMI = \frac{Weight}{Height^2} \tag{5-3}$$

该公式返回的计算结果是标量而不是序列，而 transform()函数不符合要求，agg()函数是逐列处理的，不能同时处理多列数据。由此便有了 apply()函数，它是更具通用性的 groupby 对象，比 agg()函数和 transform()函数更加灵活和通用，agg()函数和 transform()函数可以做的，apply()函数都能做。apply()函数可以运用更加复杂的自定义函数对一个数据进行拆分—应用—合并操作。把分组后的数据一起传入，可以返回多维数据。对 object 对象运用 apply()函数来计算 BMI，结果如图 5-23 所示，示例代码如下：

```
# 定义 BMI()函数
def BMI(x):
    Height = x['Height']
    Weight = x['Weight']
    BMI_Value = Weight / (Height**2)
    return BMI_Value
print(object.apply(BMI))
```

apply()函数可以返回 Series 和 DataFrame 对象，示例代码如下：

```
# 按照 Company、Salary 分组
temp = data.groupby(['Company','Salary'])
```

1. 返回标量

返回结果是标量，如图 5-24 和图 5-25 所示，示例代码如下：

```
print(temp.apply(lambda x:0))
```

```
Salary
7000       3      0.003358
          12      0.003274
          13      0.001930
8000       2      0.002504
           4      0.001744
           7      0.001712
           8      0.003096
          10      0.002863
9000       0      0.001802
           1      0.001890
           6      0.002735
           9      0.002346
          11      0.002919
          14      0.002249
10000      5      0.002339
dtype: float64
```

图 5-23　调用 apply()函数计算 BMI

```
Company    Salary
A          8000        0
           9000        0
B          7000        0
           8000        0
          10000        0
C          8000        0
           9000        0
D          8000        0
           9000        0
E          7000        0
           9000        0
dtype: int64
```

图 5-24　返回标量 1

```
# 虽然是列表, 但返回值仍然看作标量
print(temp.apply(lambda x:[0,1]))
```

```
Company    Salary
A          8000       [0, 1]
           9000       [0, 1]
B          7000       [0, 1]
           8000       [0, 1]
          10000       [0, 1]
C          8000       [0, 1]
           9000       [0, 1]
D          8000       [0, 1]
           9000       [0, 1]
E          7000       [0, 1]
           9000       [0, 1]
dtype: object
```

图 5-25　返回标量 2

2. 返回 Series 对象

返回结果是 Series 对象，如图 5-26 所示，示例代码如下：

```
#指定数据
print(temp.apply(lambda x:pandas.Series([0,1], index=['第一列','第二列'])))
```

3. 返回 DataFrame 对象

返回结果是 DataFrame 对象，如图 5-27 所示，示例代码如下：

```
#指定数据
print(temp.apply(lambda    x:pandas.DataFrame(
    [[1,1],[2,2]],
    index=['a','b'],
    columns=pandas.Index([('x','y'),('m','n')]))))
```

```
                         x   m
                         y   n
         Company Salary
         A       8000   a  1  1
                        b  2  2
                 9000   a  1  1
                        b  2  2
         B       7000   a  1  1
                        b  2  2
                 8000   a  1  1
                        b  2  2
                 10000  a  1  1
                        b  2  2
         C       8000   a  1  1
                        b  2  2
                 9000   a  1  1
                        b  2  2
         D       8000   a  1  1
                        b  2  2
                 9000   a  1  1
                        b  2  2
         E       7000   a  1  1
                        b  2  2
                 9000   a  1  1
                        b  2  2
```

```
                      第一列  第二列
         Company Salary
         A       8000    0     1
                 9000    0     1
         B       7000    0     1
                 8000    0     1

                 10000   0     1
         C       8000    0     1
                 9000    0     1
         D       8000    0     1
                 9000    0     1
         E       7000    0     1
                 9000    0     1
```

图 5-26　返回 Series 对象　　　　　　图 5-27　返回 DataFrame 对象

需要强调的是，apply()函数的灵活性是以牺牲一定性能为代价的。apply()函数的运行速度比 agg()函数和 transform()函数的运行速度慢，除非需要进行跨列处理，否则一般情况下应使用其他的 groupby 对象。同时，在使用聚合函数和变换函数时，也应当优先使用内置函数，它们经过了高度的性能优化，在运行速度上普遍快于自定义函数。

习　　题

（1）数据联合与合并中，merge()、concat()与 concatenate()这 3 个函数的作用和区别是什么？

（2）在多层索引结构的数据中如何选取元素？stack()和 unstack()两个函数的作用和联系是什么？

（3）为何要使用 pivot()函数？如何使用 unstack()函数来达到 pivot()函数的效果？

（4）简述使用 groupby()函数分组的过程。

（5）现有一份汽车数据如图 5-28 所示。

```
import pandas
# 读取 CSV 数据
data = pandas.read_csv('F:\Pandas\car.csv')
# 显示完整结果，不显示省略号
pandas.set_option('display.width', None)
print(data.head(2))


         Brand   Price Country  Reliability  Mileage   Type  Weight  Disp.  HP
0  Eagle Summit    8895    USA          4.0       33  Small    2560     97  113
1  Ford  Escort    7402    USA          2.0       33  Small    2345    114   90
```

图 5-28　汽车数据

其中 Brand 表示品牌，Disp.表示发动机蓄电量，HP 表示发动机输出量。

① 按 Type 分组，求 Price 的最大值和最小值。

② 按 Type 分组，对 HP 进行归一化。

第6章
豆瓣电影排行榜数据抓取与预处理

学习目标

- 掌握分析网页结构的方法
- 掌握对网络文本数据进行抓取的操作
- 理解网络爬虫请求及相应原理
- 掌握对网络采集数据的预处理方法
- 掌握文本数据可视化的流程

利用爬虫来进行文本数据的快速抓取是 Python 的一大优势。在本章中，将利用 urllib 库和正则表达式来抓取电影排行榜信息，同时结合 BeautifulSoup 库对抓取到的网页内容进行解析和提取。

6.1　豆瓣电影排行榜数据采集目标

1. 采集目标

在本节中，将会根据豆瓣电影 Top 250 榜单，构造抓取的起始页面地址，采集每一页的电影排行信息，具体包括每部电影的详情链接、影片图片、影片片名、影片评分、评价人数、影片概况、相关信息。

抓取的起始页面为电影榜单首页，如图 6-1 所示。（本书对该网页的各项操作和截图来自作者编写时对网页的抓取，仅供学习参考，网页动态变化中，再次操作时结果可能有所改变）抓取的结果会以 XLS 文件的形式保存到本地。

图 6-1　抓取的起始页面

可以很容易地发现，需要的信息基本上都集中在图 6-2 所示的用红色方框标注的容器结构中。通过后面的结构分析可以发现，每一部电影的信息都被分开放在<li>标签中，因此，进一步的需求是抓取相应<li>标签中的内容，从采集到的整块内容中提取出需要的具体信息。

图 6-2　数据采集目标内容

图 6-2 中用红色方框标注的内容是接下来具体要抓取的目标。在下一节中将对网页结构进行分析，以明确应该从什么地方、以什么样的形式来获取需要的内容。

2．准备工作

在准备抓取数据之前，请确保已经安装了 Re 库、BeautifulSoup 库、urllib 库、xlwt 库。如果没有安装好，可以参考第 2 章相关内容进行安装。

网页结构分析

6.2　豆瓣网页结构分析

在用爬虫对网页数据进行采集的过程中，最重要的一步是找到所需数据的具体位置和来源，例如数据存在于网页的哪一个标签中，或是隐藏在哪一个 URL 中，从而进入二级页面进行查找。有时数据不直接在 HTML 中呈现，而是在某些数据包（Package）中以 JSON 格式存在。

这一步最重要的事情便是分析网页结构。通过上一节的分析，可以看到所需数据都在 HTML 网页中直接呈现，所以直接对 HTML 代码结构进行分析即可。

对目标网页的结构进行观察以找出数据位置的过程需要遵循从宏观结构到微观结构的原则。

6.2.1　宏观整体页面分析

先从宏观上观察抓取的起始目标页面的整体。将滑动条滑到页面底部，如图 6-3 所示，可以发现，一页共有 25 条电影信息，250 条记录一共被分成了 10 页。

在清楚了电影排行榜数据展示的分页结构后，可以开始考虑如何在抓取时让爬虫自动地抓取下一页的内容，从而实现翻页。一般可以用两种方法来实现翻页：根据每页的电影信息条数和每一页 URL 的变化来构造新的 URL，从而进行翻页操作；找到页面底部的翻页数字按钮所在的 HTML 标签，根据标签中包含的 href 链接来实现跳转到下一页的目的。

图 6-3　页面底部结构展示

　　这里使用第一种方法，因为每页电影信息的条数是固定的，通过观察 URL 的变化，可以很好地构造出新的下一页的 URL。第一页与第二页的 URL 分别如图 6-4 和图 6-5 所示。

图 6-4　第一页的 URL 地址

图 6-5　第二页的 URL 地址

　　从上图可以看出，start 参数值代表电影信息条目的起始个数，第一页 start 参数值为 0，表示从第 0 个条目开始，也就是从第 1 条电影信息开始展示；第二页 start 参数值为 25，也就是从第 26 条电影信息开始展示。由此可以发现，每翻一页，start 参数值就增加 25，也就是每页包含的电影信息条数。

　　此外，按 F12 键打开浏览器控制台，使用左上角的元素检索功能选中页面底部的页数数字，在元素这一栏中找到页数数字所在的标签，观察<a>标签中的 href 链接，也可以印证找到的规律，如图 6-6 所示。

图 6-6　观察<a>标签中的 href 链接

在完成翻页操作后，便可以思考如何在每一页上抓取信息了，这一过程是从宏观开始逐渐走向微观。通过观察页面可以发现，电影信息都整齐且有规律地垂直排列。通过选择开发者控制台的元素，可以寻找它们在 HTML 代码中的摆放规律，从而达到自动筛选和抓取每一条电影信息的目的。

6.2.2 微观具体信息抓取

以排名第一的电影《肖申克的救赎》为例，选中它后可以发现整个电影条目都存在于一个<li>标签下，而且与其并列的还有多个<li>标签，这些未展开的标签中包含的就是按照排名排列的其他电影条目。展开前两个<li>标签，可以发现刚好对应的就是排行榜的前两名《肖申克的救赎》和《霸王别姬》这两部电影，如图 6-7 所示。

```
▶<div class="opt mod">…</div>
▼<ol class="grid_view">
  ▼<li>
    ▼<div class="item">
      ▶<div class="pic">…</div>
      ▼<div class="info">
        ▼<div class="hd">
          ▼<a href="https://movie.douban.com/subject/1292052/" class>
              <span class="title">肖申克的救赎</span>
              <span class="title"> / The Shawshank Redemption</span>
              <span class="other"> / 月黑高飞(中国)/ 刺激1995(中国)</span>
            </a>
            <span class="playable">[可播放]</span>
          </div>
...     ▶<div class="bd">…</div> == $0
        </div>
      </div>
    </li>
  ▼<li>
    ▼<div class="item">
      ▶<div class="pic">…</div>
      ▼<div class="info">
        ▼<div class="hd">
          ▼<a href="https://movie.douban.com/subject/1291546/" class>
              <span class="title">霸王别姬</span>
              <span class="other">   / Farewell My Concubine</span>
            </a>
            <span class="playable">[可播放]</span>
          </div>
        ▶<div class="bd">…</div>
        </div>
      </div>
    </li>
  ▶<li>…</li>
  ▶<li>…</li>
  ▶<li>…</li>
  ▶<li>…</li>
  ▶<li>…</li>
```

图 6-7 展开前两个<li>标签

从图 6-7 中可以看到，<li>标签中有一个<div>标签，在这个标签中包含着《肖申克的救赎》这部电影的所有信息。展开该<div>标签，可以发现还有两个 class 分别为 pic 和 info 的<div>标签，前者包含的是影片的图片信息，后者包含的是影片的相关文字信息。将两个标签继续展开，便可以在 class 分别为 hd、bd、star 的这些标签下看到想要的信息，如图 6-8 所示。

```
▼<div class="item">
   ▼<div class="pic">
        <em class="1</em>
        ▼<a href="https://movie.douban.com/subject/1292052/">
            <img width="100" alt="肖申克的救赎" src="https://img2.doubanio.com/view/photo/s_ratio_poster/p
            class>
        </a>
    </div>
   ▼<div class="info">
      ▼<div class="hd">
          ▼<a href="https://movie.douban.com/subject/1292052/" class>
              <span class="title">肖申克的救赎</span>
              <span class="title"> / The Shawshank Redemption</span>
              <span class="other"> /  </span>
           </a>
           <span class="playable">[可播放]</span>
       </div>
      ▼<div class="bd"> == $0
          ▼<p class>
              " 导演: 弗兰克·德拉邦特 Frank Darabont   主演: 蒂姆·罗宾斯 Tim Robbins /..."
              <br>
              " 1994 / 美国 /  剧情 "
           </p>
          ▼<div class="star">
              <span class="rating5-t"></span>
              <span class="rating_num" property="v:average">9.7</span>
              <span property="v:best" content="10.0"></span>
              <span>2714382人评价</span>
           </div>
          ▼<p class="quote">
              <span class="inq">希望让人自由。</span>
           </p>
```

图 6-8　电影详细信息展示

在准确地找到所需信息的具体位置后，抓取思路就很明确了：在宏观上抓取完每一页后需要自动翻页，并且需要定位到存放各个电影条目的<li>标签；在微观上需要以<li>标签为单位进行遍历抓取，在每一个<li>标签下抽取出每一个条目的具体信息。

从 6.3 节创建爬虫开始便需要编写实际的代码来创建爬虫了。在实际操作中可以看到微观操作嵌套在宏观操作中。宏观操作在代码中以外层循环的形式出现，微观操作则以内层循环的形式出现。

6.3　创建爬虫

创建爬虫

6.3.1　准备 URL

抓取数据的第一步便是构造出抓取目标的起始 URL，找到了有效的目标，才能深入地抓取想要的数据。

在正式开始编写代码前，不要忘记导入一系列需要的包，示例代码如下：

```
import re
from bs4 import BeautifulSoup
import urllib
import xlwt
```

根据 6.2 节的讲解，可知需要从排行榜的第一页开始抓取，一共抓取 10 页，每页抓取 25 个条目。在构造新的 URL 时，其本质就是在修改 start 的参数值。

（1）先在主函数中构造出起始页面的 URL，然后将 baseurl 作为参数传入 getData()函数中，通过 getData()函数，start 参数值将从零开始增加，从而实现翻页功能。最后，saveData()函数将获取到的每一页数据作为返回值返回。主函数示例代码如下：

```
if __name__ == "__main__":
    baseurl = https://movie.douban.com/top250?start=
    # 抓取网页
    datalist = getData(baseurl)
    # 保存路径
    savepath = "./豆瓣电影 Top250.xls"
    # 保存数据
    saveData(datalist, savepath)
```

（2）在主函数中，可以看到一个完整的抓取过程。先构造起始 URL，之后将起始 URL 传递给 getData()函数，该函数负责抓取网页和提取数据，最后将整理好的数据通过 saveData()函数按照指定的路径以一定的格式保存。

在 getData()函数中将会进一步构造 URL，再将构造好的 URL 传递给 askURL()函数，实现对网页数据的获取。getData()函数采用一个 for 循环来遍历 10 次，每一次循环都抓取一页的数据，在每次循环开始前，使用字符串拼接的方式来构造出下一页的 URL 地址，实现翻页操作。至此，URL 的准备工作就完成了，该部分示例代码如下：

```
for i in range(0, 10):
    url = baseurl + str(i*25)
html = askURL(url)
    ...
```

6.3.2 请求及响应

在准备好 URL 之后，便需要发送请求及获取响应数据了。请求及相应操作使用一个 askURL()函数来实现。

（1）先定义一个字典 header，其中只包含用户头信息 User-Agent。然后将 URL 和 header 作为参数传递给 urllib.request 模块中的 Request()函数，构造出一个请求对象 req，示例代码如下：

```
header = {
    "User-Agent": "Mozilla/5.0 (Windows NT 10.0; Win64; x64) AppleWebKit/537.36 (KHTML,
like Gecko) "
    "Chrome/85.0.4183.83 Safari/537.36 Edg/85.0.564.44"
    }
req = urllib.request.Request(url=url, headers=header)
```

（2）将请求对象 req 传入 urlopen()函数中，进行发送请求操作，得到一个 response 对象。

（3）使用 read()函数来读取相应内容，并且按照 utf-8 来进行解码，将读取到的内容赋值给字符串 html，该部分示例代码如下：

```
response = urllib.request.urlopen(req)
html = response.read().decode("utf-8")
```

askURL()函数的完整代码如下：

```
# 得到一个指定 URL 的网页的内容
def askURL(url):
    # 设置请求头信息
    header = {
        "User-Agent": "Mozilla/5.0 (Windows NT 10.0; Win64; x64) AppleWebKit/537.36
(KHTML, like Gecko) "
    "Chrome/85.0.4183.83 Safari/537.36 Edg/85.0.564.44"
    }
    # 构造请求头对象
    req = urllib.request.Request(url=url, headers=header)
    html = ""
    try:
        # 发送请求获取响应内容
        response = urllib.request.urlopen(req)
        html = response.read().decode("utf-8")
        # print(html)
    # 捕获异常信息
    except urllib.error.URLError as e:
        if hasattr(e, "code"):
            print(e.code)
        if hasattr(e, "reason"):
            print(e.reason)
    return html
```

在 askURL()函数中，以字符串的形式将最终读取到的响应内容作为返回值返回，针对获取响应内容这一步骤使用了异常捕获操作，并对异常信息进行输出。

抓取到的网页内容以排行榜第一页内容为例，图 6-9 所示为未经处理的初步获取的网页内容。

图 6-9　未经处理的初步获取的网页内容

6.3.3　提取数据

获取到网页内容之后，就可以进行有用信息的提取工作，提取出最终需要的具体数据。

目前已知每一条电影信息都是按照一定的规律和结构来显示和排列的，在网页源代码中也是如此。所以，可以使用某种规范的格式来提取想要的数据，此时正则表达式就可以发挥其作用了。

正则表达式

下面以《肖申克的救赎》这部电影为例，介绍如何编写正则表达式，该电影信息的 HTML 代码如图 6-10 所示。

```
▼<div class="item">
  ▼<div class="pic">
    <em class>1</em>
    ▼<a href="https://movie.douban.com/subject/1292052/">
        <img width="100" alt="肖申克的救赎" src="https://img2.doubanio.com/view/photo/s_ratio_poster/public/p480747492.webp"
        class>
    </a>
  </div>
  ▼<div class="info">
    ▼<div class="hd">
      ▼<a href="https://movie.douban.com/subject/1292052/" class>
          <span class="title">肖申克的救赎</span>
          <span class="title"> / The Shawshank Redemption</span>
          <span class="other"> /  </span>
      </a>
      <span class="playable">[可播放]</span>
    </div>
  ▼<div class="bd"> == $0
    ▼<p class>
        " 导演: 弗兰克·德拉邦特 Frank Darabont   主演: 蒂姆·罗宾斯 Tim Robbins /..."
        <br>
        " 1994 / 美国 / 剧情 "
    </p>
    ▼<div class="star">
        <span class="rating5-t"></span>
        <span class="rating_num" property="v:average">9.7</span>
        <span property="v:best" content="10.0"></span>
        <span>2714382人评价</span>
    </div>
    ▼<p class="quote">
        <span class="inq">希望让人自由。</span>
    </p>
```

图 6-10   《肖申克的救赎》电影信息的 HTML 代码

按照图 6-10 中 HTML 代码格式写出所需的正则表达式代码：

```
# 影片详情链接
findlink = re.compile(r'<a href="(.*?)">')
# 影片图片
findImgSrc = re.compile(r'<img.*src="(.*?)"', re.S)
# 影片片名
findTitle = re.compile(r'span class="title">(.*)</span>')
# 影片评分
findRating = re.compile
(r'<span class="rating_num" property="v:average">(.*)</span>')
# 评价人数
findJudge = re.compile(r'<span>(\d*)人评价</span>')
# 概况
findInq = re.compile(r'<span class="inq">(.*)</span>')
# 影片相关内容
findBD = re.compile(r'<p class="">(.*?)</p>', re.S)
```

对以上代码的解释如下。

（1）对于影片详情链接，在图 6-10 中可以看到，其包含在<a>标签的 href 属性中，由此可以锁定所需信息条目的上下文。而针对需要提取的内容，采用 (.*?)的形式来获取，括号内是目标内容，.*?表示 0 个或多个任意字符出现 0 次或 1 次，也就是说要提取出上下文之间的所有字符内容。

有了以上分析，最终正则表达式写为<a href="(.*?)">，将其以字符串的形式作为参数传入 re.compile()函数，并在字符串前加上 r 以消除转义字符的影响。re.compile()函数将正则表达式的字符串编译为一个 Pattern 对象并返回给 findlink，通过 Pattern 对象提供的一系列方法，可以对文本进行相应的匹配查找操作。

（2）同样找到图片详情链接的上下文信息，发现其包含在<img>标签的 src 属性中，而在 img 与 src 之间有很长一串上下文字符，可以采用.*来替代这串字符，以简化书写。此外，在向 re.compile()函数传参时新加入了 re.S 参数，其作用是将点“.”的作用扩展到整个字符串，包括\n。

在正则表达式中，点的作用是匹配除\n 以外的任何字符，也就是说，它是在一行中进行匹配。这里的“行”是以\n 进行区分的。如果不使用 re.S 参数，则只在每一行内进行匹配，如果当前行没有匹配的字符，就换下一行重新开始，不会跨行。而使用 re.S 参数以后，正则表达式会将这个字符串作为一个整体，将\n 当作一个普通的字符加入这个字符串中，在整体中进行匹配。

（3）经过观察，发现影片片名内容由<span>…</span>标签来定义，因此找到上下文内容书写正则表达式即可。

（4）影片评分同理，根据上下文内容书写正则表达式即可。

（5）书写评价人数正则表达式时，由于只需要提取人数，所以将人数后的“人评价”这 3 个汉字作为上下文的一部分显式地书写出来，以达到只提取前面的数字的目的。

（6）对于概况，寻找 class="inq"的<span>标签即可。

（7）对于影片相关内容，寻找 class=""的<p>标签即可，此处文字内容较多，可能出现跨行匹配的情况，因此需要加上 re.S 参数。

有了每一个目标内容的正则表达式后，便可以开始利用它们来编写获取数据的函数 getData(baseurl)。函数的编写流程如下。

1．编写外层循环以获取每页内容

首先如 6.3.1 小节中所述，在函数中用一个 for 循环实现翻页操作，每循环一次得到一个指定 URL 的网页的内容；其次将得到的网页字符串使用 BeautifulSoup(html, "html.parser")创建成一个 BeautifulSoup 对象，其中 html.parser 是我们指定的解析器；最后使用 soup.find_all()函数在该 BeautifulSoup 对象中查找符合要求的内容，形成列表，进而使用正则表达式来提取相关内容。该部分示例代码如下：

```
# 抓取网页
def getData(baseurl):
    datalist = []
    for i in range(0, 10):
        url = baseurl + str(i*25)
        html = askURL(url)
        # 逐一解析数据
        soup = BeautifulSoup(html, "html.parser")
          # 查找符合要求的内容，形成列表
        for item in soup.find_all('div', class_="item"):①
        ...
```

图 6-11 所示为 BeautifulSoup 对象 soup 中的内容，可以看到转化为 BeautifulSoup 对象的 HTML
内容变得更加规整。BeautifulSoup 作为 Python 的一个 HTML 或 XML 解析库，其借助网页的结构
和属性来解析网页，将网页内容的结构整理为一个类似树状的层级结构，这样便可以使用一些预
置的函数来从网页中筛选想要的数据内容。

```
<div class="item">
<div class="pic">
<em class="">
 ①
</em>
<a href="https://movie.douban.com/subject/1292052/">
<img alt="肖申克的救赎" class="" src="https://img2.doubanio.com/view/photo/s_ratio_poster/public/p480
747492.jpg" width="100"/>
</a>
</div>
<div class="info">
<div class="hd">
<a class="" href="https://movie.douban.com/subject/1292052/">
<span class="title">
肖申克的救赎
</span>
<span class="title">
 /  The Shawshank Redemption
</span>
<span class="other">
</span>
</a>
<span class="playable">
[可播放]
```

图 6-11　BeautifulSoup 对象 soup 中的内容

在上面的代码中，①处的循环使用 soup.find_all('div', class_ = "item")提取出 soup 中所有\<div>
标签的 class 属性为 item 的内容，并且返回所有匹配到的结果（如果只是 soup.find()函数，则只返
回查找到的第一个结果），其将所有匹配到的 bs4.element.Tag 对象拼接为一个列表，之后将在循
环中对列表中的元素进行遍历。

在图 6-12 所示的图中可以看到 class 属性为 item 的\<div>标签有多个，而且每一个\<div
class="item">的内容即一个电影条目，所以该匹配结果列表即所有电影条目的集合，其中每一个
元素即一个电影条目。

```
▼<div class="item">
  ▼<div class="pic">
    <em class="">1</em>
    ▼<a href="https://movie.douban.com/subject/1292052/">
      <img width="100" alt="肖申克的救赎" src="https://img2.doubanio.com/view/photo/s_ratio_poster/public/p480747492.webp"
      class>
    </a>
  </div>
  ▶<div class="info">…</div> == $0
</div>
</li>
▼<li>
  ▼<div class="item">
    ▼<div class="pic">
      <em class="">2</em>
      ▼<a href="https://movie.douban.com/subject/1291546/">
        <img width="100" alt="霸王别姬" src="https://img3.doubanio.com/view/photo/s_ratio_poster/public/p2561716440.webp" class>
      </a>
    </div>
    ▶<div class="info">…</div>
  </div>
</li>
▼<li>
  ▼<div class="item">
    ▼<div class="pic">
      <em class="">3</em>
      ▼<a href="https://movie.douban.com/subject/1292720/">
        <img width="100" alt="阿甘正传" src="https://img2.doubanio.com/view/photo/s_ratio_poster/public/p2372307693.webp" class>
      </a>
    </div>
    ▶<div class="info">…</div>
  </div>
```

图 6-12　class 为 item 的\<div>标签

接下来，在 for 循环中遍历每一个匹配到的结果，也就是每一个电影条目，使用前面写好的正则表达式来提取出具体的每一个信息。

2. 编写内层循环提取每页具体条目

（1）定义一个空列表 data，用来保存每次循环匹配到的结果，并且将之前在 soup 中查找到的 bs4.element.Tag 对象转化为字符串，以方便后面用正则表达式匹配。循环中的示例代码如下：

```
data = []
item = str(item)
```

有了 data 与转型后的 item，便可以开始进行匹配了。使用 re 模块中的 findall()函数来进行匹配，其中第一个参数 findlink 是影片详情链接的正则表达式，第二个参数 item 是要匹配的内容，函数匹配到的结果会是一个字符串数组。findall()函数返回 item 中与正则表达式匹配的全部字符串，并以数组的形式返回，但这里只需要提取返回数组中的第一个结果元素。

（2）影片详情链接 findlink 和图片详情链接 findImgSrc 的正则匹配代码如下：

```
# 影片详情链接
link = re.findall(findlink, item)[0]
data.append(link)


# 图片详情链接
imgSrc = re.findall(findImgSrc, item)[0]
data.append(imgSrc)
```

（3）对影片片名 findTitle 进行提取。通过观察图 6-9 可以发现，影片片名通常不止一个，除了中文译名以外，还有英文原名，以及其他地区对该电影名的不同翻译。这里只提取 class 属性为 title 的中文译名和英文原名。

在书写代码时，需要将中文译名与英文原名分开保存，于是需要使用 if 语句来判断匹配结果中的元素个数，如果 titles 的长度为 2，说明有中英文两个片名；如果 titles 的长度为 1，说明只有一个中文译名，但此时仍需要将英文原名的位置空出来（用空格占位即可），以此来保证影片片名的存储格式相同。此外，在匹配到的英文原名内容中，经常会有/这个特殊字符，可以使用 replace() 函数将其替换掉。该部分示例代码如下：

```
# 影片片名
titles = re.findall(findTitle, item)
# 判断是否有英文原名
if len(titles) == 2:
    ctitle = titles[0]
    data.append(ctitle)
    # 去掉特殊字符
    otitle = titles[1].replace("/", "")
    data.append(otitle)
else:
    data.append(titles[0])
    # 只有一个中文译名时，需要将英文原名的位置用空格占位
    data.append(" ")
```

（4）对影片评分 findRating、影片评价人数 findJudge 及影片概况 finInq 进行匹配。同理，提

取数组第一个元素的内容。在匹配影片概况时，将句末句号去掉。该部分示例代码如下：

```
# 影片评分
rating = re.findall(findRating, item)[0]
data.append(rating)
# 评价人数
judgeNum = re.findall(findJudge, item)[0]
data.append(judgeNum)
# 影片概况
inq = re.findall(findInq, item)
if len(inq) != 0:
    # 去掉句号
    inq = inq[0].replace("。", "")
    data.append(inq)
else:
    # 如果没有影片概况，则用空格占位，保持格式一致
    data.append(" ")
```

（5）对影片相关内容 findBD 进行匹配。使用 finall()函数提取出需要的内容，但将得到的 bd 中的内容输出后可以看到，目前提取出的内容中有很多空格、/字符及
换行符，如图 6-13 所示，这些都是不需要的，可以采用 re 模块中的 sub()函数进行替换。

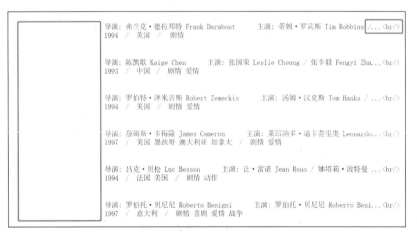

图 6-13　未经处理的 bd 中的内容

re.sub()函数主要用于替换字符串中的匹配项。该函数的原型为 def sub(pattern, repl, string, count=0, flags=0)。

sub()函数常用的参数为前 3 个。第一个参数为正则表达式中的模式字符串，即想要替换的内容；第二个参数为想要替换成的字符串（即匹配到 pattern 后替换为 repl），也可以是个函数；第三个参数为要被处理（查找替换）的原始字符串。

在去掉
换行符时需要注意，我们使用了正则表达式<br(\s+)?/>(\s+)?来进行替换。其中的(\s+)?表示匹配一个或多个出现了 0 次或 1 次的空白字符；\s 表示匹配任意的空白字符，等价于\t\n\r\f。这样做的目的是防止
换行符中或者后面有空格而导致无法匹配某些换行符。该部分示例代码如下：

```
# 影片相关内容
bd = re.findall(findBD, item)[0]

# 去掉<br/>换行符
bd = re.sub('<br(\s+)?/>(\s+)?', " ", bd)

# 去掉/
bd = re.sub('/', " ", bd)

# 去掉前后文中的空格
data.append(bd.strip())

datalist.append(data)
```

（6）至此，单个电影条目的信息提取工作都已经完成了。每次循环都会将一个处理好的电影条目信息存储在 data 列表中，在循环末尾，我们将 data 列表作为一个整体再次存放到 getData() 函数开头定义的 datalist 列表中，这样在 datalist 列表中便按类别存储了每一个电影条目的各类信息。datalist 列表中的内容如图 6-14 所示。

```
[['https://movie.douban.com/subject/1292052/', 'https://img2.doubanio.com/view/photo/s_ratio_poster/public/p4807
47492.jpg', '肖申克的救赎', '', '\xa0\xa0The Shawshank Redemption', '9.7', '2714453', '希望让人自由', '导演: 弗兰克
·德拉邦特 Frank Darabont\xa0\xa0\xa0主演: 蒂姆·罗宾斯 Tim Robbins ... 1994\xa0 \xa0美国\xa0 \xa0犯罪 剧情'],
['https://movie.douban.com/subject/1291546/', 'https://img3.doubanio.com/view/photo/s_ratio_poster/public/p25617
16440.jpg', '霸王别姬', '', '9.6', '2012032', '风华绝代', '导演: 陈凯歌 Kaige Chen\xa0\xa0\xa0主演: 张国荣 Les
lie Cheung  张丰毅 Fengyi Zha... 1993\xa0 \xa0中国 \xa0剧情 爱情'], ['https://movie.douba
n.com/subject/1292720/', 'https://img2.doubanio.com/view/photo/s_ratio_poster/public/p2372307693.jpg', '阿甘正
传', '\xa0\xa0Forrest Gump', '9.5', '2036986', '一部美国近现代史', '导演: 罗伯特·泽米吉斯 Robert Zemeckis\xa0\x
a0\xa0主演: 汤姆·汉克斯 Tom Hanks ... 1994\xa0 \xa0美国\xa0 \xa0剧情 爱情'], ['https://movie.douban.com/subje
ct/1292722/', 'https://img9.doubanio.com/view/photo/s_ratio_poster/public/p457760035.jpg', '泰坦尼克号', '\xa0\x
a0Titanic', '9.4', '1996345', '失去的才是永恒的', '导演: 詹姆斯·卡梅隆 James Cameron\xa0\xa0\xa0主演: 莱昂纳多
·迪卡普里奥 Leonardo... 1997\xa0 \xa0美国 墨西哥 澳大利亚 加拿大\xa0 \xa0剧情 爱情'], ['https://movie.doub
an.com/subject/1295644/', 'https://img2.doubanio.com/view/photo/s_ratio_poster/public/p511118051.jpg', '这个杀手
不太冷', '\xa0\xa0Léon', '9.4', '2178953', '怪蜀黍和小萝莉不得不说的故事', '导演: 吕克·贝松 Luc Besson\xa0\xa0
\xa0主演: 让·雷诺 Jean Reno  娜塔莉·波特曼 ... 1994\xa0 \xa0法国 美国\xa0 \xa0剧情 动作'], ['https://mov
ie.douban.com/subject/1292063/', 'https://img2.doubanio.com/view/photo/s_ratio_poster/public/p2578474613.jpg',
'美丽人生', '\xa0\xa0La vita è bella', '9.6', '1250558', '最美的谎言', '导演: 罗伯托·贝尼尼 Roberto Benigni\xa0
\xa0\xa0主演: 罗伯托·贝尼尼 Roberto Beni... 1997\xa0 \xa0意大利\xa0 \xa0剧情 喜剧 爱情 战争'], ['https://movie.
douban.com/subject/1291561/', 'https://img1.doubanio.com/view/photo/s_ratio_poster/public/p2557573348.jpg', '千
与千寻', '\xa0\xa0千と千尋の神隠し', '9.4', '2112939', '最好的宫崎骏, 最好的久石让', '导演: 宫崎骏 Hayao Miyaza
ki\xa0\xa0\xa0主演: 柊瑠美 Rumi Hiragi   入野自由 Miy... 2001\xa0 \xa0日本\xa0 \xa0剧情 动画 奇幻'], ['https://m
```

图 6-14　datalist 列表中的内容

将 datalist 列表作为 getData(baseurl)函数的返回值返回后，就可以在 datalist 列表的基础上进行数据的保存工作了。

6.3.4　保存数据

从 6.3.3 小节中已经知道 datalist 是一个二维列表，根据 datalist 中数据的存放结构就可以进行数据的保存工作了。

通过 saveData(datalist,savepath)函数将数据保存到本地，在该函数中使用到了 xlwt 库，它是一个操作 Excel 的扩展工具。使用这个第三方库可以很容易地对 Excel 进行一系列的创建、设置、保存等操作，例如可以创建表单、写入指定单元格、指定单元格样式等。Excel 中常用的功能，该扩展工具都可以实现，达到了让 Excel 工作自动化的目的。

此外，xlwt 库主要用于对 Excel 进行编辑，其只能用于向 Excel 中写入内容。当需要读取 Excel

内容时，需要使用 xlrd 库，其用于读取 Excel 中的数据，两个库可以配套使用。

saveData(datalist, savepath)函数的示例代码如下：

```
# 保存数据
def saveData(datalist, savepath):
    print('saving...')
    # 创建一个 Workbook 对象，并设置编码形式
    book = xlwt.Workbook(encoding="utf-8", style_compression=0)
    # 创建一个 sheet
    sheet = book.add_sheet('豆瓣电影 Top250', cell_overwrite_ok=True)
    # 设置每列的列名
    col = ("电影详情链接", "图片链接", "影片中文名", "影片外国名", "评分", "评价数", "概况",
"相关信息")
    # 第一行书写列名
    for i in range(0, 8):
        sheet.write(0, i, col[i])
    # 将 250 条电影条目信息按行书写在表格中
    # 外层循环定位行
    for i in range(0, 250):
        print("第%d 条" % i)
        data = datalist[i]
        # 内层循环定位列
        for j in range(0, 8):
            sheet.write(i+1, j, data[j])
    # 按照保存路径，对 Excel 表格进行保存
    book.save(savepath)
```

以上代码的解释如下。

（1）使用 xlwt 库来创建一个 Workbook 对象 book，并且在初始化类时设置了以 utf-8 的编码形式保存数据。style_compression 参数表示是否压缩，该参数不常用，这里默认值为 0。Workbook 对象 book 相当于一个工作簿，即以.xls/.xlsx 结尾的文件，在此基础上进行后面的一系列操作。

（2）Excel 工作簿一般有多个工作表（Sheet），可以通过索引或者名字访问。工作表通常包含多行、多列，行列交叉位置的基本单元为单元格（Cell），内容都写在单元格中。单元格可通过行、列索引访问。

此处，以 Workbook 对象 book 中的 add_sheet()函数来进行工作表的添加，创建出一个 sheet 表单，表单添加函数 add_sheet()的格式如下：

```
add_sheet(sheetname, cell_overwrite_ok = False)
```

sheetname：用于指定工作表的名称。

cell_overwrite_ok：用于指定是否可以覆盖单元格，默认为 False，此处我们设置为 True，使单元格可以被覆盖。

（3）有了表单便可以开始往表单里面一行一行地写入数据了。先设置每列的列名，然后将列名作为列首写入第一行。这里使用 write()函数进行写入操作，其工作原理是以坐标的方式来定位单元格，然后写入内容。函数中第一个和第二个参数分别用于定位单元格的行和列，第三个参数

用于指定要写入的内容。

数据一共有 250 条，每条数据有 8 个小项，于是表格构成了 250 行 8 列，采用两层循环嵌套写入。

（4）在写完所有数据后，还需要保存 Excel 表。使用 save()函数来进行该操作，save()函数的格式如下：

```
save(filename_or_stream)
```

直接在参数中传入保存路径即可，最终保存好的表格内容如图 6-15 所示。

图 6-15　最终内容展示

6.4　数据预处理

在采集完数据后，下一步就是在现有数据集上进行统计分析，总结和发现数据中的规律，提取出海量数据中的有用信息。而在进行数据分析之前，需要先进行数据预处理操作，这步操作旨在将数据规整化、标准化，以便后续进行分析工作。

在数据预处理时要注意，除了通用的预处理操作外，有一部分预处理工作需要根据后续的数据分析目标来。仍以豆瓣电影数据集为例，如果后续的分析目标包括统计评价人数的排名，则需要对相关数据进行排序操作；如果分析目标包括对不同的评分各有多少部电影进行统计，则需要对相关数据进行分组聚合等操作。

数据预处理流程如下。

1. 导入数据预处理与分析所需的库

一般情况下，数据预处理与分析需要 3 个库，分别为 Pandas、NumPy、Matplotlib，前两个用于数据的读取与分析，最后一个用于绘图，示例代码如下：

```
# 导入库
import pandas as pd
import numpy as np
import matplotlib.pyplot as plt
```

2. 读取数据

采用 Pandas 库中的 read_excel()函数来读取 Excel 表格中的内容，读取结果如图 6-16 所示，示例代码如下：

```
# 读取本地数据
file = '豆瓣电影 Top250.xls'
temp = pd.read_excel(file)
temp.head(10)
```

	B	C	D	E	F	G	
1	图片链接	影片中文名	影片外国名	评分	评价数	概况	相关信息
2	https://img3.c	肖申克的救赎	The Shawshank Rede	9.7	2140884	希望让人自由	导演: 弗兰克·德拉邦特 Frank Darabont 主演: 蒂
3	https://img3.c	霸王别姬		9.6	1586126	风华绝代	导演: 陈凯歌 Kaige Chen 主演: 张国荣 Leslie Ch
4	https://img1.c	控方证人	Witness for the Prose	9.6	310074	比利·怀德满分作品	导演: 比利·怀尔德 Billy Wilder 主演: 泰隆·鲍华 T
5	https://img2.c	阿甘正传	Forrest Gump	9.5	1616576	一部美国近现代史	导演: 罗伯特·泽米吉斯 Robert Zemeckis 主演: 汤
6	https://img2.c	美丽人生	La vita è bella	9.5	1005798	最美的谎言	导演: 罗伯托·贝尼尼 Roberto Benigni 主演: 罗伯
7	https://img2.c	辛德勒的名单	Schindler's List	9.5	822948	拯救一个人，就是拯救整个	导演: 史蒂文·斯皮尔伯格 Steven Spielberg 主演
8	https://img3.c	人生果实	人生フルーツ	9.5	107615	土壤没有落叶不会肥沃，没	导演: 伏原健之 Kenshi Fushihara 主演: 津端修一
9	https://img9.c	这个杀手不太冷	Léon	9.4	1802797	怪蜀黍和小萝莉不得不说的	导演: 吕克·贝松 Luc Besson 主演: 让·雷诺 Jean
10	https://img3.c	泰坦尼克号	Titanic	9.4	1570138	失去的才是永恒的	导演: 詹姆斯·卡梅隆 James Cameron 主演: 莱昂
11	https://img1.c	千与千寻	千と千尋の神隠し	9.4	1683127	最好的宫崎骏，最好的久石	导演: 宫崎骏 Hayao Miyazaki 主演: 柊瑠美 Rum
12	https://img1.c	忠犬八公的故事	Hachi: A Dog's Tale	9.4	1072774	永远都不能忘记你所爱的人	导演: 莱塞·霍尔斯道姆 Lasse Hallström 主演: 理
13	https://img3.c	十二怒汉	12 Angry Men	9.4	342764	1957年的理想主义	导演: Sidney Lumet 主演: 亨利·方达 Henry Fond
14	https://img2.c	盗梦空间	Inception	9.3	1568050	诺兰给了我们一场无法盗取	导演: 克里斯托弗·诺兰 Christopher Nolan 主演
15	https://img9.c	海上钢琴师	La leggenda del piani	9.3	1282668	每个人都要走一条自己坚定	导演: 朱塞佩·托纳多雷 Giuseppe Tornatore 主演
16	https://img1.c	星际穿越	Interstellar	9.3	1240317	爱是一种力量，让我们超越	导演: 克里斯托弗·诺兰 Christopher Nolan 主演
17	https://img3.c	楚门的世界	The Truman Show	9.3	1160855	如果再也不能见到你，祝你	导演: 彼得·威尔 Peter Weir 主演: 金·凯瑞 Jim Ca
18	https://img1.c	机器人总动员	WALL·E	9.3	1010704	小瓦力，大人生	导演: 安德鲁·斯坦顿 Andrew Stanton 主演: 本·贝
19	https://img3.c	放牛班的春天	Les choristes	9.3	994389	天籁一般的童声，是最接近	导演: 克里斯托夫·巴拉蒂 Christophe Barratier 主

图 6-16　部分读取结果展示

3. 数据探索

在读取数据之后，便可以开始进行数据探索了。观察数据，总结出数据集的基本特征。

（1）从图 6-16 中可以看到，整个数据集有图片链接、影片中文名、影片外国名、评分、评价数、概况、相关信息。通过 DataFrame 对象 temp 中的 shape 属性和 info()方法来展现数据集的基本统计数据，示例代码如下：

```
# 数据探索
temp.shape
temp.info()
```

temp.shape 属性是一个元组，为(250, 8)，表示数据集结构为 250 行，8 列。

（2）调用 info()方法的部分结果如图 6-17 所示，数据索引从 0 开始到 249，这一点需要注意。此外，还能看到只有评分与评价数这两列数据是数值型的数据，其他列都是 object 类型的数据。调用该方法的结果基本统计了整个数据集的概况，可以对数据集有一个比较全面的了解。

（3）如果数据集中基本是数字数据，那么可以使用 describe()函数来进行描述。这个函数主要用来描述各列数据的综合统计结果，如计数、平均值、标准差、最小值、四分位数、最大值等信息。

本案例的统计结果大部分是文字信息，使用 describe()函数的统计结果如图 6-18 所示。

	电影详情连接	图片链接	影片中文名	影片外国名	评分	评价数	概况	相关信息
0	https://movie.douban.com/subject/1292052/	https://img3.doubanio.com/view/photo/s_ratio_p...	肖申克的救赎	The Shawshank Redemption	9.7	2140884	希望让人自由	导演: 弗兰克·德拉邦特 Frank Darabont 主演: 蒂姆·罗宾斯 Tim R...
1	https://movie.douban.com/subject/1291546/	https://img3.doubanio.com/view/photo/s_ratio_p...	霸王别姬		9.6	1586126	风华绝代	导演: 陈凯歌 Kaige Chen 主演: 张国荣 Leslie Cheung 张...
2	https://movie.douban.com/subject/1296141/	https://img1.doubanio.com/view/photo/s_ratio_p...	控方证人	Witness for the Prosecution	9.6	310074	比利·怀德满分作品	导演: 比利·怀尔德 Billy Wilder 主演: 泰隆·鲍华 Tyrone Pow...
3	https://movie.douban.com/subject/1292720/	https://img2.doubanio.com/view/photo/s_ratio_p...	阿甘正传	Forrest Gump	9.5	1616576	一部美国近现代史	导演: 罗伯特·泽米吉斯 Robert Zemeckis 主演: 汤姆·汉克斯 Tom ...
4	https://movie.douban.com/subject/1292063/	https://img2.doubanio.com/view/photo/s_ratio_p...	美丽人生	La vita è bella	9.5	1005798	最美的谎言	导演: 罗伯托·贝尼尼 Roberto Benigni 主演: 罗伯托·贝尼尼 Robe...
5	https://movie.douban.com/subject/1295124/	https://img2.doubanio.com/view/photo/s_ratio_p...	辛德勒的名单	Schindler's List	9.5	822948	拯救一个人，就是拯救整个世界	导演: 史蒂文·斯皮尔伯格 Steven Spielberg 主演: 尼森 Lia...

	评分	评价数
count	250.000000	2.500000e+02
mean	8.890400	5.352374e+05
std	0.265839	3.421090e+05
min	8.300000	9.549300e+04
25%	8.700000	3.054700e+05
50%	8.800000	4.467310e+05
75%	9.100000	6.482702e+05
max	9.700000	2.140884e+06

图 6-17　调用 info()方法的结果　　　　　　图 6-18　describe()函数统计结果

可以看到，该函数只对评分和评价数这两列纯数字信息的内容进行了统计。

4. 缺失值检测

结束对数据的探索之后，便可以开始对数据进行初步处理了。首先需要进行的是缺失值的检测。由于本案例的数据集是使用爬虫从标准网站上抓取的，所以基本上不会存在缺失值，示例代码如下：

```
# 统计缺失值
temp.isnull().sum()
```

检测结果如图 6-19 所示。

5. 重复值检测

使用 duplicated()函数可以检测重复值，本案例为电影排行统计，数据集中无重复值出现。示例代码如下：

```
# 检测重复值
temp.duplicated().sum()
```

```
电影详情连接        0
图片链接          0
影片中文名         0
影片外国名         0
评分            0
评价数           0
概况            0
相关信息          0
dtype:int64
```

图 6-19　缺失值统计

6. 异常值检测和属性归约

观察数据集，可以发现暂时无异常值，那么可以进行属性归约了。属性归约主要是削减后面不会用到的字段，从而减少 DataFrame 对象的数据量，以达到精简的目的，同时也方便了后续的数据分析工作。

想要进行数据归约，就必须先针对后续的数据分析工作有一个初步的目标。本案例在这里设立了几个简单的数据可视化目标来展示简单的数据分析过程。

针对本案例的数据集，一共有 3 个可视化目标：统计评价人数排名，统计各分数电影数量，对影片概况内容分词以预备词云图。本案例只处理前两个可视化目标，第三个词云图的设计在下一章中详细介绍。

至此，保留字段一共有 4 个：影片中文名、评分、评价数、概况。示例代码如下：

```
# 属性归约
data = temp[['影片中文名', '评分','评价数','概况']]
data
```

从 temp 对象中筛选出需要的 4 个属性字段赋值给 data，如图 6-20 所示，data 便是后续处理直接操作的对象。

	影片中文名	评分	评价数	概况
0	肖申克的救赎	9.7	2140884	希望让人自由
1	霸王别姬	9.6	1586126	风华绝代
2	控方证人	9.6	310074	比利·怀德满分作品
3	阿甘正传	9.5	1616576	一部美国近现代史
4	美丽人生	9.5	1005798	最美的谎言
...				
245	猜火车	8.5	345840	不可猜的青春
246	你的名字	8.4	1035232	穿越错位的时空，仰望陨落的星辰，我留下你的名字，我却无法忘记那句"我爱你"
247	初恋这件小事	8.4	787856	黑小鸭速效美白记
248	小萝莉的猴神大叔	8.4	373612	守护者大叔
249	驴得水	8.3	692568	过去的如果就让它过去了，未来只会越来越糟！

250 rows × 4 columns

图 6-20　筛选出需要的 4 个属性字段赋值给 data

7. 数据排序与分组聚合

（1）使用柱状图来展示影片根据评价数进行排名的状况，以评价数来展现不同影片热度的高低。

根据评价数进行排序，示例代码如下：

```
# 根据评价数排序
data.sort_values(by='评价数',ascending=False)
```

使用 sort_value()函数对评价数这一列进行排序，并指定降序排列（该函数默认是升序排列），排序结果如图 6-21 所示。可以看到，热度第一名仍然是《肖申克的救赎》，但从第二名开始就产生了变化。

	影片中文名	评分	评价数	概况
0	肖申克的救赎	9.7	2140884	希望让人自由
7	这个杀手不太冷	9.4	1802797	不得不说的故事
9	千与千寻	9.4	1683127	最好的宫崎骏，最好的久石让
3	阿甘正传	9.5	1616576	一部美国近现代史
1	霸王别姬	9.6	1586126	风华绝代
...				
119	四个春天	8.9	124374	来也匆匆去也匆匆，就这样风雨兼程
89	我爱你	9.0	116187	你要相信，这世上真的有爱存在，不管在什么年纪
6	人生果实	9.5	107615	土壤没有落叶不会肥沃，没有了你就不算人生
47	东京物语	9.2	96286	东京那么大，如果有一天走失了，恐怕一辈子不能再相见
28	城市之光	9.3	95493	永远的小人物，伟大的卓别林

250 rows × 4 columns

图 6-21　按评价数降序排列

（2）使用柱状图来对各分数的电影数量进行统计，先要做的依然是针对原数据 data 的处理工作。对各分数进行分组，统计同一个分数下面有多少部电影，示例代码如下：

```
# 根据评分这一字段进行分组
group = data.groupby("评分")
for i in list(group):
    print(i)
group_count = group.count()
group_count.sort_index(inplace=True)
```

上面的代码根据评分分组，使用一个循环可以输出当前的分组结果。下面展示了执行 print(i)语句输出的一部分分组结果，可以看到，相同评分的电影条目被分到了一起。接下来通过 count()函数统计每一个分组中的电影条目数，并且使用 sort_index()函数对索引进行排序（统计电影条目个数后，评分成为索引），让分数从上至下依次递增。分组统计结果如图 6-22 所示。

评分	影片中文名	评价数	概况
8.3	1	1	1
8.4	3	3	3
8.5	14	14	14
8.6	27	27	27
8.7	40	40	40
8.8	45	45	45
8.9	30	30	30
9.0	21	21	21
9.1	21	21	21
9.2	19	19	19
9.3	17	17	17
9.4	5	5	5
9.5	4	4	4
9.6	2	2	2
9.7	1	1	1

图 6-22　分组统计结果

```
(8.3,     影片中文名  评分    评价数                      概况
249   驴得水  8.3  692568  过去的如果就让它过去了，未来只会越来越糟！)
(8.4,     影片中文名  评分    评价数                      概况
246     你的名字  8.4  1035232  穿越错位的时空，仰望陨落的星辰，你没留下你的名字，我却无法忘记那
句"我爱你"
247   初恋这件小事  8.4   787856                      黑小鸭速效美白记
248  小萝莉的猴神大叔  8.4   373612                      守护者大叔)
(8.5,     影片中文名  评分    评价数                      概况
232     金山行  8.5  860990                      揭露人性的丧尸题材力作
```

238	源代码	8.5	626279	邓肯·琼斯继《月球》之后再度奉献出一部精彩绝伦的科幻佳作
235	疯狂的石头	8.5	599418	中国版《两杆大烟枪》
234	恐怖游轮	8.5	593075	不要企图在重复中寻找已经失去的爱
233	恋恋笔记本	8.5	495531	爱情没有那么多借口，如果不能圆满，只能说明爱得不够
243	香水	8.5	433803	
242	完美陌生人	8.5	417013	
240	九品芝麻官	8.5	416435	
237	哈利·波特与火焰杯	8.5	385738	
...	...	...	...	

6.5　数据可视化

经过 6.4 节的操作后，便可以对影片中文名和评分这两列进行数据可视化，以绘制出柱状图。示例代码如下：

```
# 设置柱状图中显示的中文的字体
plt.rcParams['font.sans-serif'] = ['Microsoft YaHei']
# 对数据取步长
x = data.iloc[::4,0]
y = data.iloc[::4,2]
# 设置图像大小和清晰度
plt.figure(figsize=(18,6),dpi=250)
# 绘制柱状图
plt.bar(x,y,label='评价人数')
# 进行图像各元素的设置
plt.xticks(x,rotation=60,rotation_mode='anchor',ha='right')
plt.ylabel("评价人数/人",fontsize=15)
plt.xlabel("电影名称",fontsize=15)
plt.title("评价人数统计柱状图",fontsize=25)
plt.grid(linestyle=":")
plt.legend(loc = 'upper right')
# 显示图像
plt.show()
```

在以上代码中，对绘图数据进行了取步长的操作，原因是 250 条数据太多了，在图像中无法全部显示出来，所以以隔 4 条数据显示一次的形式来绘制图像。需要注意的是，评价人数和影片中文名的步长要保持一致。

绘图数据构造好之后便可以开始绘制柱状图。使用 plt.bar() 函数来绘制图像，绘制好图像之后还需要对图像进行一系列的设置，xticks() 函数用于设置 x 轴的刻度，ylabel() 函数用于设置 y 轴的标签，title() 函数用于指定图像的标题，grid() 函数用于设置网格线，legend() 函数用于设置图例，最后使用 show() 函数来显示绘制好的图像。绘制出的评价人数统计柱状图如图 6-23 所示。

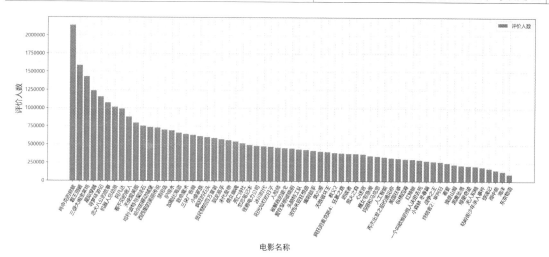

图 6-23 评价人数统计柱状图

有了统计结果便可以开始进行绘图工作了。图像的 x 轴为各个评分，y 轴为各评分的电影数量，其数据从图 6-23 的 3 列相同统计结果中选一列即可，示例代码如下：

```
# 设置柱状图中显示的中文的字体
plt.rcParams['font.sans-serif'] = ['Microsoft YaHei']
# 设置图像大小和清晰度
plt.figure(figsize=(10,4),dpi=250)
# 绘制柱状图
plt.bar(range(group_count.shape[0]),group_count['影片中文名'],label='电影数量',
tick_label=group_count.index)
# 对图像各元素进行设置
plt.ylabel("电影数量",fontsize=15)
plt.title("各分数电影数量统计柱状图",fontsize=20)
plt.grid(linestyle=":")
plt.legend(loc = 'upper right')

# 显示图像
plt.show()
```

需要注意的是，在绘制柱状图时，第一个参数用于指定柱体的位置，并不能用于指定 x 轴的分数标签，每一个柱体对应的分数标签必须使用第四个参数 tick_label 来指定。绘制出的各分数电影数量统计柱状图如图 6-24 所示，从图中可以看出，大部分电影的分数集中在 8.5～9.3。

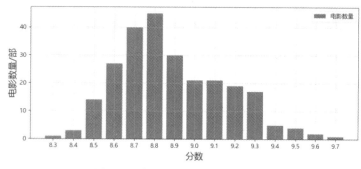

图 6-24 各分数电影数量统计柱状图

习　题

（1）如何从宏观到微观对网页内容进行有效的抓取？

（2）如何使用正则表达式对网页文本内容进行提取？

（3）如何将整理好的数组或列表数据按一定格式保存到本地？

（4）数据预处理的常见步骤和常用库有哪些？

第7章
使用 Scrapy 框架与 Selenium 采集股市每日点评数据并可视化

学习目标

- 掌握 Scrapy 框架抓取数据的逻辑和流程
- 掌握 Scrapy 框架组件的使用方式
- 掌握 Scrapy 框架与 Selenium 的结合使用
- 掌握将数据存储至数据库的基本方式
- 掌握词云图的绘制方式

Scrapy 作为一款爬虫框架，其功能强大、抓取效率高、扩展性强，能够和多个扩展组件结合使用，并且能有效地应对反爬网站。使用 Selenium 能够有效地抓取类似 AJAX 请求后动态渲染的网页信息。本章将使用 Scrapy 框架和 Selenium 来抓取股市每日点评页面的数据，重点收集和抓取日期信息、一句话盘前盘后概述和首页大盘点评文本信息。

7.1 采集目标和准备工作

1. 采集目标

随着互联网和大数据在国内的全面发展，如何综合汇聚各种实时信息是首先要解决的问题，及时的网络信息统计对数据采集来说是不可或缺的一大要素。通过爬虫来抓取信息，是快速、直观地获取信息的有效手段。通过数据的收集与分析，可以以数据可视化的形式来直观地展示数据内容。

近年来，随着国家经济的发展，越来越多的人参与到金融市场的交易中，金融数据的研究也因此逐渐成为热点。当前，由于互联网技术的迅速发展，金融数据的获取速度越来越快，获取渠道也越来越多，传统的金融行业和互联网技术进行了融合，互联网金融的快速发展使得广大民众越来越关心金融市场的变化趋势。因此，研究如何科学、有效地获取与金融相关的数据成为一项有价值的工作。

在本章的案例中，通过运行编写的 Scrapy 爬虫，可以自动抓取并收集来源于支付宝基金板块收录的大盘每日点评数据信息，并且最终将获取的数据存入数据库。本章的数据采集目标主要为每日点评的日期信息、一句话盘前盘后概述和首页大盘点评文本信息。根据采集的数据，以词云图和统计图表的形式进行可视化展示，将每日的一句话盘前盘后概述和首页大盘点评文本信息制作为词云图，将不同词根据词频进行排序，以词在图中出现的大小来代表相应的词频，从而进行可视化展示，以这样的形式更直观地反映一定时期内金融市场的趋势和状况。本章的案例中，各项操作的结果和截图均来自作者编写书稿时的操作，仅作学习本书知识点使用，不具其他任何参考价值，网页动态变化中，再次操作时结果可能发生变化。

信息采集的起始页面如图 7-1 所示。

在页面该位置往下浏览，可以看到每篇点评的日期时间、一句话概述标题及首页的点评文本，如图 7-2 所示。每一条资讯数据都有规律地存放在相应的板块中，继续往下浏览可以看到每次进入页面只刷新加载出了 10 条信息，想要看到更多的内容，需要手动往下滑到页面底端才能实时加载出更多的新数据，如图 7-3 所示，这无疑是一种动态渲染。

图 7-1　信息采集的起始页面

图 7-2　三大抓取目标

图 7-3　实时加载新数据

通过图 7-1～图 7-3 可以看出，本次需要提取的信息都以一定的规律和形式排放在页面中，只需要定位相同形式的标签，便可以抓取到每一行数据。此外，想要抓取到更多的数据，需要往下滑动页面来实时加载，这里明显涉及动态渲染页面的抓取。针对这一类型的问题，常用的解决方案有两种：一种是分析 AJAX 请求，找到其对应的接口并抓取，获取相应的 JSON 数据包，Scrapy 框架可以使用这种方式抓取；另一种则是结合 Selenium 来模拟浏览器进行访问抓取，直接获得最后渲染好的整体页面，在该页面的基础上再定位元素进行信息采集。

本章采用 Scrapy 框架结合 Selenium 的方法来进行抓取。

2.　准备工作

在准备抓取数据前，请确保已经安装好 Scrapy 框架、PyMySQL 库、Selenium 库。在有了这几个框架和库的基础上，便可以开始创建 Scrapy 项目。

打开 PyCharm，创建一个新的工程文件夹 ScrapyStudy，在该工程文件夹下面单击 "Terminal" 选项，进入 PyCharm 的终端界面，输入 scrapy startproject tutorial，创建一个新的 Scrapy 项目，如图 7-4 所示。

图 7-4　创建新的 Scrapy 项目 tutorial

创建好新项目后，项目文件的结构如图 7-5 所示。

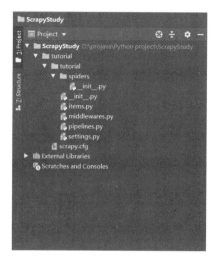

图 7-5　项目文件的结构

创建完 Scrapy 项目后，便可以开始编写爬虫程序了。在编写爬虫之前，需要对抓取目标有一个明确的定位与分析，接下来对抓取页面的网页结构进行分析。

7.2　大盘每日点评网页结构分析

进入网页先看到点评信息的展示界面，由于使用 PC 版网页，因此展示的字体会非常大，按 F12 键，在浏览器控制台界面可以切换仿真设备，将网页改为手机版网页展示，这样能更加清楚地观察网页布局。用元素选取工具选中存放整个界面数据的模块，发现其为一个列表结构。将<li>标签进一步展开，可看到其下共有两个<div>标签，第一个<div>标签中包含日期时间数据，第二个<div>标签中又包括两个<div>标签，其分别存储了一句话概述文本和每日点评文本。通过以上的存储结构，可以将所需数据提取出来。图 7-6 所示为目标网页的 HTML 标签结构。

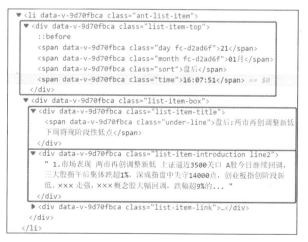

图 7-6　目标网页的 HTML 标签结构

从图 7-6 中可以清晰地看到，每一次的盘前盘后点评都存储在<li>标签中，其中包含的 3 个 <div>标签中的信息是我们需要的数据信息。图中从上至下用 3 个框框选出来的<div>标签中的内容分别为日期时间、一句话概述标题和每日点评文本，由此可以确定抓取顺序和数据的字段含义。

在明确了每个点评模块的抓取逻辑后，为了抓取更多的点评信息，我们需要采取某些方式来不断地加载更多数据。在图 7-3 中可以看到，需要将页面滑到底端才能刷新，但本章案例的网页页面却不存在明确的底端和滚动条，Selenium 滑动到页面底端的代码并不起作用，所以采用定位到某个底部元素的方法来进行不断的刷新。将手机端页面调整为 PC 端页面后，滑动到底端，发现其存在一段公司风险提示和免责声明的文字，如图 7-7 所示。使用选取工具选中该段文字，发现其以图片的形式存在于一个<div>标签中，采用 Selenium 每次动态加载新数据后定位到该图片元素，即可实现不断刷新加载数据这一操作。

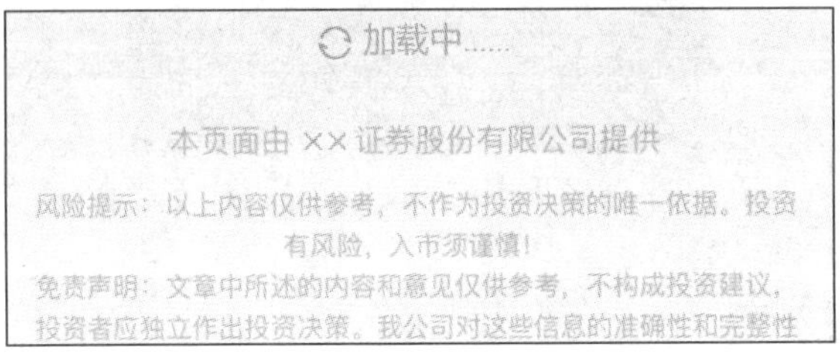

图 7-7　页面底部声明内容

7.3　使用 Scrapy 框架与 Selenium 抓取信息

7.3.1　编写 item.py 与 spider.py

中间件的编写

1. 编写 item.py

由于需要抓取日期时间、一句话概述标题和每日点评文本这 3 个字段的内容，所以在 item 里设置 3 个字段 date_details、title_details 和 text_details，示例代码如下：

```
import scrapy
from scrapy import Field

# 定义 CovidItem 类
class CovidItem(scrapy.Item):
    text_details = Field()
    title_details = Field()
    date_details = Field()
```

2. 编写 spider.py

（1）初步实现定义 Spider 类，定义类属性及 start_requests()函数，示例代码如下：

```
import scrapy
from tutorial.items import CovidItem
```

```
# 定义 Spider 类
class QuotesSpider(scrapy.Spider):
    name = "study"
    allowed_domains = ["mcash.ctsec.com"]
    # start_urls =   \
    # ['https://mcash.ctsec.com/infofront/antIndex/99d79444-5226-11e6-a786-40f2e968ab88']

    # 定义 start_requests() 函数，用于生成初始请求
    def start_requests(self):
        urls = [
            "https://mcash.ctsec.com/infofront/antIndex/99d79444-5226-11e6-a786-40f2e968ab88"
        ]
        for url in urls:
            yield scrapy.Request(url=url, callback=self.parse)
```

在上面的代码中，定义了 QuotesSpider 类中的爬虫名称 name，以及允许抓取的范围 allowed_domains 这两个基础属性。同时还定义了 start_requests() 函数，其用于生成初始请求，构造生成 Request 提交给调度器 Scheduler，通过 Downloader Middlewares 转发给 Downloader 下载，并且指定提取数据的回调函数为 self.parse。

当然，这里也可以不重写 start_requests() 函数，而是直接定义一个 start_urls，此时 start_requests() 函数会默认使用 start_urls 里面的 URL 来构造 Request。

（2）进一步构造解析页面函数 parse()，其将会接收 Downloader 或 Downloader Middlewares 回传的 Response 对象并进行解析，示例代码如下：

```
def parse(self, response):

    # 获取日期和文本两个板块的<div>标签代码内容
    text_items =      \
response.xpath('//*[@id="__layout"]/div/div/div/section/ul/li/div[2]')
    date_items =      \
response.xpath('//*[@id="__layout"]/div/div/div/section/ul/li/div[1]')
    print('总共获取数据:{}, {}\n'.format(len(text_items),     \
len(date_items)))

    # 构造自己定义的 items 对象，并且定义 3 个存储具体信息的列表
    items = CovidItem()
    text_details = []
    title_details = []
    date_details = []

    # 提取一句话概述标题和每日点评文本数据
    for item in text_items:
        title = item.xpath('./div[1]/span/text()').extract_first()
        text = item.xpath('./div[2]/text()').extract_first()
        # 去掉抓取到的每日点评文本中网页自带的一些特殊符号
```

```
        text = re.sub('[a-zA-Z#$&\s\n\r]+', "", text)
        text = ''.join(text)
        title_details.append(title)
        text_details.append(text)

    # 提取日期时间数据
    for item in date_items:
        date = item.xpath('./span/text()').getall()
        date = ' '.join(date)
        date_details.append(date)

    # 将数据存储在 items 对象中并返回给 pipelines
    items['title_details'] = title_details
    items['text_details'] = text_details
    items['date_details'] = date_details

    yield items
```

在上面代码中，先用 xpath 提取出 response 里<li>标签下的两个<div>标签中的内容，日期时间数据和概述点评文本数据分别存于两个同一层次的<div>标签中；然后创建 CovidItem 对象 items，以及列表 text_details、title_details 和 date_details，这 3 个列表用于存储提取到的概述点评文本数据和日期时间数据，它们最终会一起整合到 items 里面转发给 pipelines；接下来针对这两大部分的数据使用两个 for 循环，在循环中利用 xpath 语句和 extract_first()函数提取出每一条数据的 text()文本内容，并在循环末尾将这些数据作为一个整体存储在对应的列表中；最后将两个列表整合到 items 字典结构中去，用 yield 提交到 pipelines 中。

至此，完整的 spider.py 就编写完成了。

7.3.2　编写 middlewares.py

下面对相应 URL 的内容进行采集，这里使用 Scrapy 框架结合 Selenium 的方式来实现整个过程，采用 Downloader Middlewares 编写。先定义一个 SeleniumMiddleware 类，其中将会定义 Middlewares 里面的 process_request()函数，函数将根据 Request 中的 URL 来进行处理，然后用 Selenium 启动浏览器进行页面渲染，最后以 HtmlResponse 的形式返回完整渲染好的页面对象。SeleniumMiddleware 类的示例代码如下：

```
class SeleniumMiddleware(object):
    def __init__(self):
        self.browser = webdriver.Chrome()
        # 设置浏览器窗口的大小
        self.browser.set_window_size(1400, 700)
        # 设置隐式等待
        self.browser.implicitly_wait(10)
    def process_request(self, request, spider):
        """
        :param request: Request 对象
```

```
        :param spider: Spider 对象
        :return: HtmlResponse
        """

        # 浏览器使用 get() 函数访问 Request 的对应 URL
        self.browser.get(request.url)
        time.sleep(2)

        # 对页面元素进行定位
        target = self.browser.find_element_by_xpath(        \
'//*[@id="__layout"]/div/div/div/section/div[3]/img')

        #往后刷新 10 页，一共获取 110 条数据内容
        for i in range(10):
            # 定位页面底端后要重定位到上一条每日点评，避免无法控制刷新次数
            stop = self.browser.find_element_by_xpath(        \
'//*[@id="__layout"]/div/div/div/section/ul/li[{}]'.format(i*10+10))

            # 使用 JavaScript 语句来定位元素
            self.browser.execute_script(        \
"arguments[0].scrollIntoView();", target)
            self.browser.execute_script(        \
"arguments[0].scrollIntoView();", stop)
            # 也可以不使用 JavaScript，而采取直接找到元素并对其做出某些操作的方式来定位页面
            # button =self.browser.find_element_by_xpath(        \
'//*[@id="__layout"]/div/div/div/section/div[3]/img')
            # button.click()
            # 休眠 3 秒等待刷新
            time.sleep(3)

        # 获取网页源码
        data = self.browser.page_source
        self.browser.close()

        # 构造返回 HtmlResponse 对象，提交给 Spider 处理
        return HtmlResponse(url=request.url, body=data, request=request,
                            encoding='utf-8', status=200)
```

上面的代码主要是在 process_request() 函数中使用__init__() 函数初始化好的浏览器对象 browser 来对 request.url 进行访问，通过 xpath 定位页面末尾的公司声明内容的元素标签，从而使页面自动加载新的数据。这一定位操作有两种方法可以实现：第一种是使用 JavaScript 语句根据 target 来定位；第二种是直接使用 find_element_by_xpath() 函数来找到想要的元素，并且对元素进行一些操作，从而实现页面定位。在定位过程中需要注意，定位至页面底端后需要往回重定位到最后一条数据，这样做的目的是保证每次循环只加载一次数据，避免页面一直停留在底端，导致一直加载新的数据而无法把控加载次数。加载好新的数据后，将获取的渲染好的完整页面代码构造成一个 HtmlResponse 对象返回，直接提交给 Spider，传给 Request 的回调函数 parse()进行解析。

在这里有一个细节需要注意，Request 请求实际上在 Middlewares 中间件这里已经被处理了，其不会再被传给 Downloader 完成下载，而是由 SeleniumMiddleware 类的 process_request() 函数直接构造成一个 HtmlResponse 对象返回，其为 Response 对象的子类。

根据 process_request() 函数的特性，当其返回 Response 对象时，低优先级的 Downloader Middlewares 中的 process_request() 函数便不会再被调用了，转而去执行每一个 Downloader Middlewares 中的 process_response() 函数。本案例 middlewares.py 中的 process_response() 函数没有任何处理，只有一句 return response，于是构造的 HtmlResponse 对象将会直接被返回给 Spider。

7.3.3 编写 pipelines.py

Item Pipeline 为项目管道，当 Item 对象构建好后，通过 yield 可以将其提交到 Item Pipeline 中进行处理，在 Item Pipeline 中将 Item 对象中的内容存储到 MySQL 数据库中。

本案例中实现 Item Pipeline 只需要定义一个 MySpiderPipeline 类，让其实现 process_item() 函数即可，该函数必须返回数据字典或者是抛出异常。pipelines.py 中除了 process_item() 函数外的所有代码如下：

```python
import pymysql
import time
import traceback
# 定义 MySpiderPipeline 类
class MySpiderPipeline(object):

    # 初始化数据库连接参数
    def __init__(self, host, database, user, password, port):
        self.host = host
        self.database = database
        self.user = user
        self.password = password
        self.port = port
    # 获取 Scrapy 配置信息
    @classmethod
    def from_crawler(cls, crawler):
        return cls(
            host=crawler.settings.get('MYSQL_HOST'),
            database=crawler.settings.get('MYSQL_DATABASE'),
            user=crawler.settings.get('MYSQL_USER'),
            password=crawler.settings.get('MYSQL_PASSWORD'),
            port=crawler.settings.get('MYSQL_PORT'),
        )
    # 创建数据库连接和游标
    def open_spider(self, spider):
        self.conn = pymysql.connect(host=self.host, user=self.user,
                        passwd=self.password,database=self.database,
                        charset='utf8', port=self.port)
        self.cursor = self.conn.cursor()
    # 关闭数据库
```

```
def close_spider(self, spider):
    self.conn.close()
```

在以上代码中，定义了一个 MySpiderPipeline 类，在初始化函数__init__()中，初始化了连接数据库时所需的所有参数，但此处需要注意的一个点是，初始化参数的内容都来源于 from_crawler()这个类方法，其用@classmethod 标识。该方法中传入了参数 crawler，通过该参数可以从 crawler.settings 中读取最高优先级的 settings，获取 settings 中最常见的项目设置信息；cls 参数为 Class，该方法最后返回一个 Class 实例。

以上代码中还定义了 open_spider()函数和 close_spider()函数。这两个函数分别在 Spider 开启和关闭时被调用，我们可以在其中做一些初始化和收尾工作，例如上面代码中的初始化数据库连接对象 conn 和关闭数据库连接对象 conn 操作。

接下来则是最重要的 process_item()函数的定义，主要的数据处理工作都是在其中进行的。函数的示例代码如下：

```
# 将数据存储到数据库中
def process_item(self, item, spider):
    try:
        # 获取各字段的数据内容
        dat = item['date_details']
        title = item['title_details']
        context = item['text_details']
        # 先将表清空
        sql_delete = "truncate table stock_comment"
        sql_insert = "insert into stock_comment(date,title,text)  \
values(%s,%s,%s)"
        # time.asctime()不加参数就是默认 time.localtime()返回的时间
        print(f"{time.asctime()}开始更新数据")
        self.cursor.execute(sql_delete)
        # 将 3 个列表取出打包为元组
        for d, t, c in zip(dat, title, context):
            # 插入每条数据
            self.cursor.execute(sql, (d, t, c))
        # 提交事务保存数据
        self.conn.commit()
        print(f"{time.asctime()}更新到最新数据")
    except:
        traceback.print_exc()
    return item
```

在 process_item()函数中，先从接收到的 item 中拿出 3 个字段的数据，保存在临时变量中。然后编写两条 SQL 语句，第一条 sql_delete 负责每次将旧的历史数据清空，第二条 sql_insert 负责按照格式插入数据。接下来便执行第一条 sql 语句清空旧的历史数据，再将 3 个列表打包后组成一个元组，并将这些元组组成列表返回。遍历列表中的元组，将数据一条条地插入数据库。最后使用 commit()函数提交以上操作。

在执行上面的操作前，可以先将 item 的内容输出到终端，观察一下数据的结构形式，这样更加方便厘清代码的逻辑。图 7-8～图 7-10 所示的整个 item 是一个字典结构，第一个键值内容 date_details 中包含存储日期时间信息的一维列表，第二个键值内容 text_details 中包含存储每日点评文本的一维列表，第三个键值内容 title_details 中包含存储一句话概述的一维列表。在执行插入操作时，只需要把每一个键对应的列表取出并打包成一个大的元组，接着遍历该元组将数据插入数据库即可。

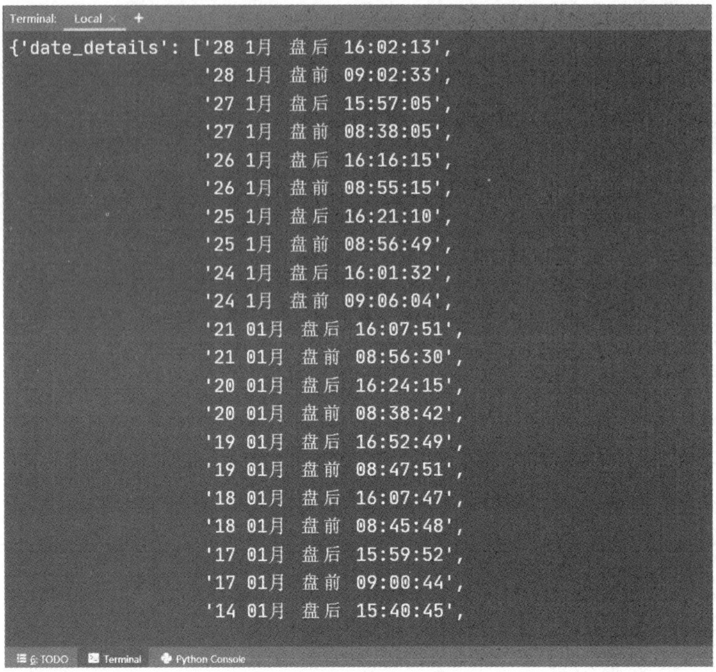

图 7-8　date_details 内容

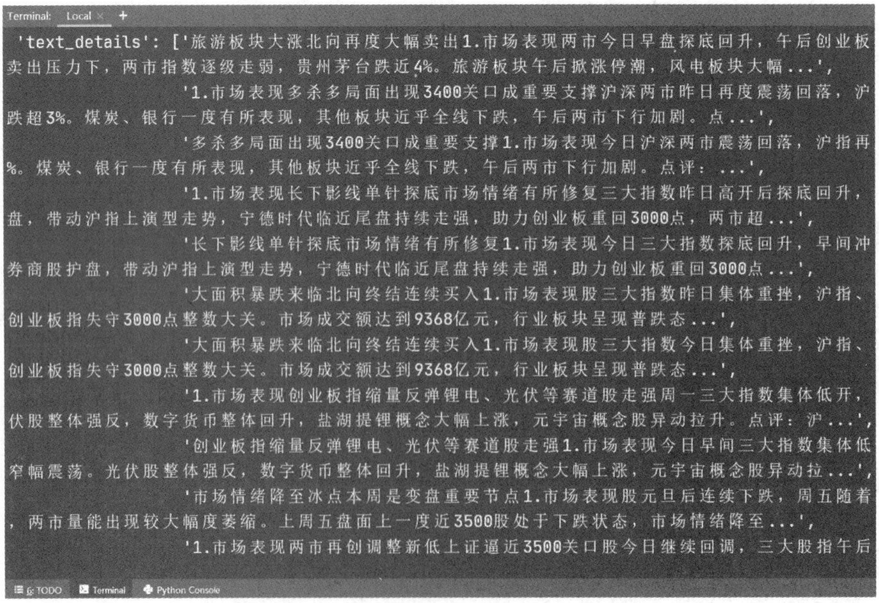

图 7-9　text_details 内容

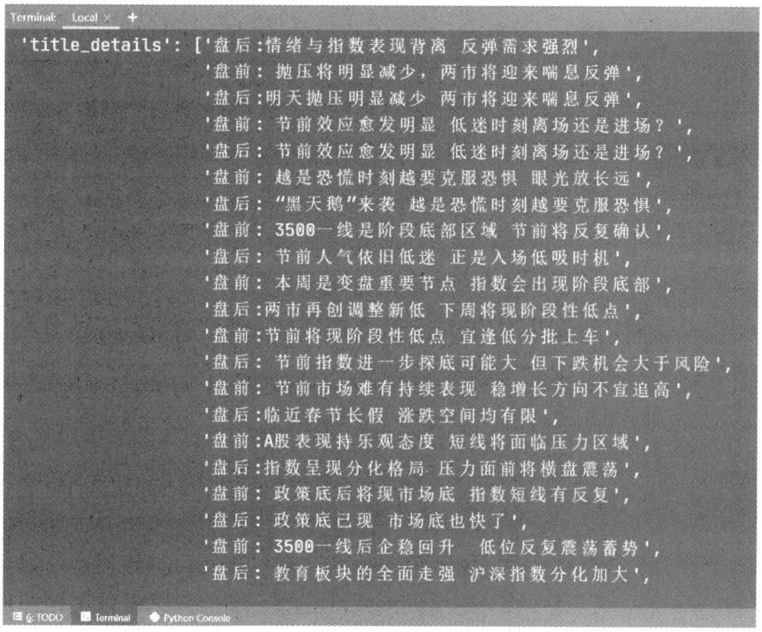

图 7-10　title_details 内容

7.3.4　设置 settings.py

settings.py 的主要任务就是定义项目的全局配置项，在其中可以定制 Scrapy 组件。用户可以控制核心（Core）、插件（Extension）、Item Pipelines 及 Middlewares 等组件，设置项目下所有爬虫的一些公共变量。整个 settings 设定为代码形式，其提供了以键值对映射的配置值的全局命名空间（Namespace）。

本案例中自定义修改后的 settings 的设置如下。

（1）设置日志等级的示例代码如下：

```
LOG_LEVEL = "WARNING"
```

（2）设置是否遵守 robots 协议的示例代码如下：

```
ROBOTSTXT_OBEY = False
```

（3）设置数据库全局参数变量的示例代码如下：

```
MYSQL_HOST = '127.0.0.1'
MYSQL_DATABASE = 'mytext'
MYSQL_USER = 'root'
MYSQL_PASSWORD = '123456'
MYSQL_PORT = 3306
```

（4）中间件下载设置的示例代码如下：

```
DOWNLOADER_MIDDLEWARES = {
  # 'tutorial.middlewares.TutorialDownloaderMiddleware': 543,
  'tutorial.middlewares.SeleniumMiddleware': 543,
}
```

（5）项目管道设置的示例代码如下：

```
ITEM_PIPELINES = {
    'tutorial.pipelines.MySpiderPipeline': 300,
}
```

7.3.5　运行结果

编写好所有代码后，便可以在终端运行 Scrapy 爬虫项目了。

先进入项目目录 tutorial，输入 cd tutorial，然后输入 scrapy crawl study 即可运行项目，最后可以在终端看见运行结束的提示。运行结果如图 7-11 所示。

```
(base) D:\projava\Python project\ScrapyStudy\tutorial>scrapy crawl study

DevTools listening on ws://127.0.0.1:1236/devtools/browser/d081ba1f-ae18-4a1e-955f-38d3ba4f0aad
[22188:16308:0128/225713.321:ERROR:chrome_browser_main_extra_parts_metrics.cc(227)] START: ReportBluetoothAvailability(). If
 you don't see the END: message, this is crbug.com/1216328.
[22188:16308:0128/225713.321:ERROR:chrome_browser_main_extra_parts_metrics.cc(230)] END: ReportBluetoothAvailability()
[22188:16308:0128/225713.322:ERROR:chrome_browser_main_extra_parts_metrics.cc(235)] START: GetDefaultBrowser(). If you don't
 see the END: message, this is crbug.com/1216328.
[22188:21348:0128/225713.326:ERROR:device_event_log_impl.cc(214)] [22:57:13.326] USB: usb_device_handle_win.cc(1050) Failed t
o read descriptor from node connection: 连到系统上的设备没有发挥作用。 (0x1F)
[22188:16308:0128/225713.335:ERROR:chrome_browser_main_extra_parts_metrics.cc(239)] END: GetDefaultBrowser()
总共获取数据:110, 110

Fri Jan 28 22:57:28 2022开始更新数据
Fri Jan 28 22:57:29 2022更新到最新数据
```

图 7-11　运行结果

使用 Navicat 进入数据库可以看到 Scrapy 项目抓取到的内容已存放在图 7-12 所示的 stock_comment 表中。

图 7-12　数据库存储结果

7.4　数据预处理与可视化

7.4.1　数据预处理

（1）导入需要的库。

导入数据预处理与可视化需要的库。在本案例中，Pandas、NumPy、Matplotlib 等库用于处理数据与绘制统计图，PyMySQL 库用于操作数据库，Jieba 和 Re 库用于处理文本生成词云图。示例代码如下：

```
# 导入包和模块
import pandas as pd
import numpy as np
import matplotlib.pyplot as plt
import pymysql
import jieba.analyse
from jieba.analyse import extract_tags
import re
```

（2）读取数据。

数据预处理第一步需要将数据从数据库中读取出来，本案例在 Jupyter Notebook 中完成数据预处理与可视化操作，读取数据的示例代码如下：

```
#return: 连接, 游标
def get_conn():
    # 创建连接
    conn = pymysql.connect(host="localhost",
                    user="root",
                    password="123456",
                    db="mytext",
                    charset="utf8")
    # 创建游标
    # 执行完毕返回的结果集默认以元组显示
    cursor = conn.cursor()
    return conn, cursor
# 关闭连接
def close_conn(conn, cursor):
    cursor.close()
    conn.close()
# 封装查询
def query(sql, *args):
    """
    封装通用查询
    :param sql:
    :param args:
```

```
        :return: 返回查询到的结果，((),(),)的形式
        """
        conn, cursor = get_conn()
        cursor.execute(sql, args)
        res = cursor.fetchall()
        close_conn(conn, cursor)
        return res
    #返回各省数据和资讯数据
    def get_data():
        sql = "select * from stock_comment "
        res = query(sql)
        return res

    text = get_data()
```

上面的代码以函数嵌套的方式，使用 get_data()函数读取出表的数据，读取的数据以元组的形式返回给 text 变量。在 Jupyter Notebook 中输出这个变量的内容，发现其为二维元组结构，并且数据很完整，没有“脏”数据、重复值、缺失值，数据规模也比较小，不用专门进行数据探索。

（3）数据转换。

由于抓取到的数据十分规整，因此可以直接开始数据转换操作，将数据类型从元组转换为 DataFrame 对象，重命名列索引，并且对需要转化为日期时间类型的字符串数据进行映射转换。示例代码如下：

```
# 将数据类型转换为 DataFrame 对象
text = pd.DataFrame(text, columns=[ 'id', 'date', 'title', 'comment'])
```

数据类型转换为 DataFrame 对象并重命名列索引后，将数据输出，部分数据的展示如图 7-13 所示。

	id	date	title	comment
0	1	28 1月 盘后 16:02:13	盘后:情绪与指数表现背离 反弹需求强烈	旅游板块大涨北向再度大幅卖出1.市场表现两市今日早盘探底回升，午后创业板冲高涨近2%，但好景...
1	2	28 1月 盘前 09:02:33	盘前: 抛压将明显减少，两市将迎来反弹	1.市场表现多杀多局面出现3400关口成重要支撑沪深两市昨日再度震荡回落，沪指再度失守340...
2	3	27 1月 盘后 15:57:05	盘后:明天抛压明显减少 两市将迎来反弹	多杀多局面出现3400关口成重要支撑1.市场表现今日沪深两市震荡回落，沪指再度失守3400点...
3	4	27 1月 盘前 08:38:05	盘前: 节前效应愈发明显 低迷时刻离场还是进场?	1.市场表现长下影线单针探底市场情绪有所修复三大指数昨日高开后探底回升，盘中一度集体翻绿，关...
4	5	26 1月 盘后 16:16:15	盘后: 节前效应愈发明显 低迷时刻离场还是进场?	长下影线单针探底市场情绪有所修复1.市场表现今日三大指数探底回升，早间冲高回落，午后一度集体...
...	...	...	...	...
105	106	12 11月 盘前 08:51:57	盘前: 压力再看3550一线 谨防创板冲高回落	1.市场表现地产股大小盘股携手反弹两市昨日单边拉升，沪指重回3500点，创业板指早盘 ...
106	107	11 11月 盘后 16:06:24	盘后:普涨后分化将至 继续向上会遭遇明显阻力	地产股大小盘股携手反弹1.市场表现沪指单边拉升重回3500点，创业板指早盘冲高后展 开...
107	108	11 11月 盘前 08:49:21	盘前: 市场有进一步反弹动能 压力先看3530一线	1.市场表现指数形反转赚钱效应不低两市早盘单边下挫，沪指跌破年线，创本轮调整新低，午后股指震...
108	109	10 11月 盘后 16:09:02	盘后: 扭头向上还会远吗	指数形反转赚钱效应不低1.市场表现两市早盘单边下挫，沪指跌破年线，创本轮调整新低，午后股指震...
109	110	10 11月 盘前 08:43:32	盘前:调整进入尾声 掉头向上还需等待	1.市场表现沪指收复年线和3500点，创指继续领涨两市昨日探底回升集体收阳，保险银行等权重偏...

110 rows × 4 columns

图 7-13　转化为 DataFrame 对象后的部分数据

在日期时间数据中，字符串形式的日期数据明显不规整，因此需要将其转换为日期形式的数据。这里使用 iloc 定位下标或使用列名选取的形式选中需要转换的列，并赋值给 result 变量，然后使用 apply()函数对 result 应用自定义函数 date_transform()，将其中的所有内容转换为日期类型。

在 date_transform()函数中主要分 3 步来进行转换。先使用 replace()函数对 Series 对象中的每一行字符串内容进行处理，通过去掉字符串中的"月　盘后""月　盘前"，将字符串转换为可变换为日期格式的形式；然后在该形式的字符串开头拼接上当前年份；最后对当前形式的字符串进行对应的日期转换，将结果赋值给 text 中的 date 列。转换后的数据信息如图 7-14 所示，替换原数据列后的结果如图 7-15 所示。示例代码如下：

```
# 导入日期处理相关包
from datetime import datetime


result = text['date']
# result = text.iloc[:, 0]


def date_transform(res):
    # 去掉多余文字
    res = res.replace('月 盘前', '')
    res = res.replace('月 盘后', '')
    # 拼接当前年份
    temp = ' '.join([str(datetime.now().year),res])
    # 转换年份
    datetime_object = datetime.strptime(temp, '%Y %d %m %H:%M:%S')
    # 返回数据
    return datetime_object


# 使用自定义函数并替换原数据列
result = result.apply(date_transform)
text['date'] = result
```

```
0       2022-01-28 16:02:13
1       2022-01-28 09:02:33
2       2022-01-27 15:57:05
3       2022-01-27 08:38:05
4       2022-01-26 16:16:15
                ...
105     2022-11-12 08:51:57
106     2022-11-11 16:06:24
107     2022-11-11 08:49:21
108     2022-11-10 16:09:02
109     2022-11-10 08:43:32
Name: date, Length: 110, dtype: datetime64[ns]
```

图 7-14　转换后的数据信息

	id	date	title	comment
0	1	2022-01-28 16:02:13	盘后:情绪与指数表现背离 反弹需求强烈	旅游板块大涨北向再度大幅卖出1.市场表现两市今日早盘探底回升，午后创业板冲高涨近2%，但好景...
1	2	2022-01-28 09:02:33	盘前:抛压将明显减少，两市将迎来反弹	1.市场表现多杀多局面出现3400关口成重要支撑沪深两市昨日再度震荡回落，沪指再度失守340...
2	3	2022-01-27 15:57:05	盘后:明天抛压明显减少 两市将迎来反弹	多杀多局面出现3400关口成重要支撑1.市场表现今日沪深两市震荡回落，沪指再度失守3400点...
3	4	2022-01-27 08:38:05	盘前:节前效应愈发明显 低迷时刻离场还是进场?	1.市场表现长下影线单针探底市场情绪有所修复三大指数昨日高开后探底回升，盘中一度集体翻绿，关...
4	5	2022-01-26 16:16:15	盘后:节前效应愈发明显 低迷时刻离场还是进场?	长下影线单针探底市场情绪有所修复1.市场表现今日三大指数探底回升，早间冲高回落，午后一度集体...
...	...	...	...	...
105	106	2022-11-12 08:51:57	盘前:压力再看3550一线 谨防创板冲高回落	1.市场表现地产股大小盘股携手反弹两市昨日单边拉升，沪指重回3500点，创业板指早盘...
106	107	2022-11-11 16:06:24	盘后:普涨后分化将至 继续向上会遭遇明显阻力	地产股大小盘股携手反弹1.市场表现沪指单边拉升重回3500点，创业板指早盘冲高后展...
107	108	2022-11-11 08:49:21	盘前:市场有进一步反弹动能 压力先看3530一线	1.市场表现指数形反转赚钱效应不低两市早盘单边下挫，沪指跌破年线，创本轮调整新低，午后股指震...
108	109	2022-11-10 16:09:02	盘后:扭头向上还会远吗	指数形反转赚钱效应不低1.市场表现两市早盘单边下挫，沪指跌破年线，创本轮调整新低，午后股指震...
109	110	2022-11-10 08:43:32	盘前:调整进入尾声 掉头向上还需等待	1.市场表现沪指收复年线和3500点，创板继续领涨两市昨日探底回升集体收阳，保险银行等权重偏...

图 7-15　替换原数据列后的结果

从图 7-15 中可以看出，抓取的数据的日期其实出现了跨年的现象，因此统一拼接为 2022 年显然不妥。针对这一情况该如何解决呢？请读者思考。

（4）数据归约。

经过数据转换后，通过标准化日期，可以进行直观的观察与总结，例如可以直观地看出抓取的数据的时间跨度，并且在根据文本情感进行预测分析时，日期需要与每日点评文本一一对应，这些时候标准化日期就显得十分必要了。但在本章制作词云图时不需要日期，因为制作词云图时需要将所有点评文本拼接为一个大文本，所以 date 列可以舍弃。此外，在数据库中用于保证排列顺序的 id 列也不需要，可以删去，示例代码如下：

```
# 数据归约
text.drop(labels=['id', 'date'], axis=1, inplace=True)
```

删除后将结果输出，部分数据如图 7-16 所示，可以看到不需要的列都已经被删掉了。

	title	comment
0	盘后:情绪与指数表现背离 反弹需求强烈	旅游板块大涨北向再度大幅卖出1.市场表现两市今日早盘探底回升，午后创业板冲高涨近2%，但好景...
1	盘前: 抛压将明显减少，两市将迎来反弹	1.市场表现多杀多局面出现3400关口成重要支撑沪深两市昨日再度震荡回落，沪指再度失守340...
2	盘后:明天抛压明显减少 两市将迎来反弹	多杀多局面出现3400关口成重要支撑1.市场表现今日沪深两市震荡回落，沪指再度失守3400点...
3	盘前: 节前效应愈发明显 低迷时刻离场还是进场?	1.市场表现长下影线单针探底市场情绪有所修复三大指数昨日高开后探底回升，盘中一度集体翻绿，关...
4	盘后: 节前效应愈发明显 低迷时刻离场还是进场?	长下影线单针探底市场情绪有所修复1.市场表现今日三大指数探底回升，早间冲高回落，午后一度集体...
...	...	...
105	盘前: 压力再看3550一线 谨防创板冲高回落	1.市场表现地产股大小盘股携手反弹两市昨日单边拉升，沪指重回3500点，创业板指早盘...
106	盘后:普涨后分化将至 继续向上会遭遇明显阻力	地产股大小盘股携手反弹1.市场表现沪指单边拉升重回3500点，创业板指早盘冲高后展...
107	盘前: 市场有进一步反弹动能 压力先看3530一线	1.市场表现指数形反转赚钱效应不低两市早盘单边下挫，沪指跌破年线，创本轮调整新低，午后股指震...
108	盘后: 扭头向上还会远吗	指数形反转赚钱效应不低1.市场表现两市早盘单边下挫，沪指跌破年线，创本轮调整新低，午后股指震...
109	盘前:调整进入尾声 掉头向上还需等待	1.市场表现沪指收复年线和3500点，创板继续领涨两市昨日探底回升集体收阳，保险银行等权重偏...

图 7-16　数据归约后的部分数据

（5）文本预处理。

在制作文本词云图之前，还需要对文本进行预处理，将文本转换为方便进行词云图可视化的格式。

① 第一步需要获得一个纯文字内容的大文本。首先需要将文本从 DataFrame 对象中提取出来并合并在一起，形成一个大文本，将两个字段的大文本分别赋值给 title 和 comment；然后利用 re.findall() 函数将文本中各种标点符号清除，只留下文字内容；最后将 re.findall() 函数返回的数组内容 title 和 comment 再次拼接为一个大文本。示例代码如下：

```
# 将每一行的文本数据拼接到一起，形成一个大文本
content = text.sum()
title = content.title
comment = content.comment
# 对大文本去除各种符号，只剩下文字内容
# 只保留字符串中的中文、字母、数字
title = re.findall('[\u4e00-\u9fa5a-zA-Z0-9]+', title, re.S)
comment = re.findall('[\u4e00-\u9fa5a-zA-Z0-9]+', comment, re.S)
# 重新拼接
title = "".join(title)
comment = "".join(comment)
```

② 第二步则需要对大文本进行分词操作，这里通过自定义函数 cutWords() 来完成。在函数中先使用 jieba 分词库对传入的 content 进行分词操作，使用 lcut() 函数以数组形式返回分词结果；然后去除分词结果的停用词和数字内容，这些内容在词云图中没有分析价值，这里用到了停用词表和 isdigit() 函数。停用词表中包括了常见的停用词，isdigit() 函数用于判断字符串是否只由数字组成，利用读取的 cn_stopwords.txt 中的停用词和 isdigit() 函数可以得到一个不包括停用词和数字的列表 words；最后将 words 返回。示例代码如下：

```
def cutWords(content):
    # 进行分词操作
    wordlist_jieba=jieba.lcut(content)
    # 读取停用词表
    with open(r'D:\stopwords\cn_stopwords.txt',encoding='utf-8') as f:
        stopwords = f.read()
        words = []
        for word in wordlist_jieba:
            # 去除停用词和数字内容
            if word not in stopwords and not word.isdigit():
                words.append(word)
    return words

# 进行分词处理
title = cutWords(title)
comment = cutWords(comment)
```

③ 第三步需要对两个变量进行进一步的处理，得到一个以空格分隔的大文本。观察分词后的 title 内容可以发现，其中有很多的"盘前""盘后"，这两个词对词云图的表达没有任何意义，可以删除。而 comment 中有很多重复的 "市场""表现"这两个词，由于本身就是对市场的表现做出点评，我们更加关心对市场里面的哪些内容进行点评，所以可以删去这两个词，其他的分词结

果均可保留。使用join()函数将处理结果合并为一个大文本。示例代码如下：

```
# 处理title
while '盘前' in title:
    title.remove('盘前')
while '盘后' in title:
    title.remove('盘后')
space_title=' '.join(title)

# 处理comment
while '市场' in comment:
    comment.remove('市场')
while '表现' in comment:
    comment.remove('表现')
space_comment=' '.join(comment)
```

输出 space_title 和 space_comment 后，可以看到图 7-17 和图 7-18 所示的以空格分隔的一句话标题概述文本和每日点评文本的预处理结果。

图 7-17　一句话标题概述文本的预处理结果

图 7-18　每日点评文本的预处理结果

7.4.2　数据可视化

进行文本预处理后，得到恰当的分词结果，便可以开始绘制词云图了。

绘制词云图

　　词云图又叫文字云，是对文本数据中出现频率较高的关键词予以视觉上的突出，用来展现高频关键词的可视化表达。通过文字、色彩、图形的搭配，产生有冲击力的视觉效果，从而对关键词进行渲染，结果形成类似云一样的彩色图片。词云图过滤掉了大量不相关的文本信息，使人一眼就可以领略文本数据主要表达的意思。近年来，词云图被广泛地应用到宣传、报告、数据分析、文章配图等领域，本小节便以词云图来进行每日点评文本的可视化分析。绘制词云图的方法如下。

　　先导入绘制词云图需要的库 WordCloud，使用其中的 WordCloud 类创建一个词云图对象 WC，然后调用 WC 中的 generate() 方法便可以生成词云图，最后使用 plt 中的方法来进行图像设置，将词云图显示到页面上。由于 space_title 和 space_comment 两个内容的词云图的绘制过程一致，这里的代码以 space_title 为例，如果要绘制 space_comment 的词云图只需修改 generate() 方法传入的参数即可，示例代码如下：

```python
from wordcloud import WordCloud
# 创建词云图对象
WC = WordCloud(font_path='C:\\Windows\\Fonts\\STFANGSO.TTF',
                max_words=100,
                height= 800,
                width=800,
                background_color='white',
                mode='RGBA',
                collocations=False)

# 根据给定词频生成词云图
# WC.generate_from_frequencies(r)

# 根据给定文本生成词云图
WC.generate(space_title)
# 设置页面大小和清晰度
plt.figure(figsize=(6,6),dpi=350)
# 不显示坐标轴
plt.axis("off")
# 展示词云图
plt.imshow(WC)
```

　　在上面的代码中，WordCloud 初始化的参数的解释如下。

　　font_path：字体路径（需要设置什么样的字体，就将字体路径以字符串的形式传入，默认为 WordCloud 库下的 DroidSansMono.ttf 字体），如果选用默认字体，就不能够显示中文；为了能够显示中文，可以自己设置字体，系统字体一般都在 C:\Windows\Fonts 目录下。

　　max_words：最大显示单词字数，默认值为 200。

　　width：画布宽度，默认值为 400 像素。

　　height：画布高度，默认值为 200 像素。

　　background_color：词云图的背景颜色，默认为黑色。

　　mode：string 类型，默认为 RGB。当 mode="RGBA" 且 background_color="None" 时，将生成透明的背景。

　　collocations：bool，默认为 True，是否包括两个词的搭配（双宾语），该参数会统计搭配词。

例如一个分词结果为"我在拜访客户"，当 collocations 为 True 时，就会把"拜访客户"也当作一个词进行统计，所以会出现重复统计的内容。

最终 space_title 和 space_comment 的词云图效果如图 7-19 和图 7-20 所示。

图 7-19   space_title 的词云图效果　　　　　　图 7-20   space_comment 的词云图效果

从图 7-19 和图 7-20 中可以直观地看出最近的市场形势，以及点评重点关注的内容。从图 7-19 中可以看出，在一句话标题概述重点关注市场指数的变化，"指数"这两个字占据了图的很大篇幅。接着比"指数"稍微小一点的词有"市场""回升""探底""反弹"，这些词语占据了图的第二大篇幅，明确地总结出市场近 55 天的形势：市场较为低迷，在探底反弹间徘徊，有回升的希望。再看小一点的词，有"回落""震荡""有望"等，也从侧面印证了以上观点。

从图 7-20 中可以看出，点评文本关注指数的同时还关注各个市场板块的变化，同时从图的正中间"创业板"这个词可以看出最近比较受关注的板块是创业板。除此之外，其他较小的词有"震荡""反弹""回落""走强"等，也展现了市场的震荡行情。

从上面的分析可以得出，绘制词云图可以方便地提取出巨量文本中的关键词以供分析解读，是文本分析的好方法。

最后需要注意的一点是，在绘制词云图时，有更加准确且灵活的方法——使用 WordCloud 中的 generate_from_frequencies()函数。其根据给定的词频或是关键词权重来绘制词云图，该函数适用于已知词及其对应的词频、不需要自动生成的情况。这种方法可操作空间更大，在有些情景下可以更加方便地定义想要绘制的词云图。

generate_from_frequencies()函数需要传入一个字典，字典结构为词和词频（权重）的键值对，如{ word1：fre1，word2：fre2，...，wordn：fren }。generate_from_frequencies()函数结合 jieba.analyse 模块可以使用更少的代码逻辑，更方便地绘制出词云图，这种绘制方式交给读者自己实现。

习　　题

（1）在为抓取的数据添加年份时，可以发现实际抓取的数据的日期出现了跨年现象，统一拼接为 2022 年显然不妥，这一问题该如何解决？

（2）通过最后的词云图可以看到，其中依然有一些无意义的词语或者是杂乱的内容，如何优化文本分词操作，让绘制的词云图更完美？

（3）如何运用 generate_from_frequencies()函数和 jieba.analyse 模块，以更少的代码逻辑绘制出词云图？

（4）简述本章 Scrapy 项目的运行原理，各组件之间是如何协同工作的？

第8章
房产数据预处理

学习目标

● 掌握计算属性间相关程度的方法
● 掌握对缺失值进行处理的方法
● 掌握对离散数据进行观察和处理的操作
● 掌握对非正态分布的数据进行纠偏的操作
● 掌握 Box-Cox 的变换和反变换操作

房价是体现经济运转好坏的重要指标，房地产开发商与购房者都密切关注着房价的波动情况，构建有效的房价预测模型对金融市场、民情、民生有着重要意义。在本章中，读者可以学习如何处理多维度、大数据量的房产价格数据，并将数据可视化以观察其中的规律，最后构建出后续模型预测中可能需要的特征数据。

8.1 研究背景和目标分析

1. 研究背景

某房屋租赁新闻事件引起了公众对租房问题的关注。据说，这家 2021 年初刚刚上市的公司，不到一年，就出现了现金流危机。平台收了租户的钱，却无法向房东支付房租，最终导致租户每个月按时交着房租，却还要面临着被房东贴清退封条、换锁甚至暴力驱赶的风险。有数据显示截至 2021 年年底，该公司经营的租赁公寓数量约 43.83 万个，因此，这次事件波及的用户估计在 50 万人以上。

对于当代的年轻人，尤其是对刚毕业的年轻人来说，租房几乎成为一种刚需，然而该新闻事件再次让人们意识到租房并不是长远之计，购买属于自己的房产才是更加明智的选择。目前，房产价格仍然是人们关注的焦点，各种针对房产价格的分析和预测研究也层出不穷。基于以上背景，本章将对一套完整的国外房价数据集进行分析和可视化操作，带领读者寻找数据中的规律，探究如何合理地构建模型。

2. 目标分析

本章中使用的数据是来自 kaggle 的国外房产价格公开数据集。打开本书配套资料中的房价数据集 CSV 文件，可以看到图 8-1 所示的具体内容。

	A	B	C	D	E	F	G	H	I	J	K	L	M	N	O	P	Q
1	Id	MSSubCla	MSZoning	LotFronta	LotArea	Street	Alley	LotShape	LandCont	Utilities	LotConfig	LandSlop	Neighbor	Condition	Condition	BldgType	Hous
2	1	60	RL	65	8450	Pave	NA	Reg	Lvl	AllPub	Inside	Gtl	CollgCr	Norm	Norm	1Fam	2Sto
3	2	20	RL	80	9600	Pave	NA	Reg	Lvl	AllPub	FR2	Gtl	Veenker	Feedr	Norm	1Fam	1Sto
4	3	60	RL	68	11250	Pave	NA	IR1	Lvl	AllPub	Inside	Gtl	CollgCr	Norm	Norm	1Fam	2Sto
5	4	70	RL	60	9550	Pave	NA	IR1	Lvl	AllPub	Corner	Gtl	Crawfor	Norm	Norm	1Fam	2Sto
6	5	60	RL	84	14260	Pave	NA	IR1	Lvl	AllPub	FR2	Gtl	NoRidge	Norm	Norm	1Fam	2Sto
7	6	50	RL	85	14115	Pave	NA	IR1	Lvl	AllPub	Inside	Gtl	Mitchel	Norm	Norm	1Fam	1.5Fi
8	7	20	RL	75	10084	Pave	NA	Reg	Lvl	AllPub	Inside	Gtl	Somerst	Norm	Norm	1Fam	1Sto
9	8	60	RL	NA	10382	Pave	NA	IR1	Lvl	AllPub	Corner	Gtl	NWAmes	PosN	Norm	1Fam	2Sto
10	9	50	RM	51	6120	Pave	NA	Reg	Lvl	AllPub	Inside	Gtl	OldTown	Artery	Norm	1Fam	1.5Fi
11	10	190	RL	50	7420	Pave	NA	Reg	Lvl	AllPub	Corner	Gtl	BrkSide	Artery	Artery	2fmCon	1.5U
12	11	20	RL	70	11200	Pave	NA	Reg	Lvl	AllPub	Inside	Gtl	Sawyer	Norm	Norm	1Fam	1Sto
13	12	60	RL	85	11924	Pave	NA	IR1	Lvl	AllPub	Inside	Gtl	NridgHt	Norm	Norm	1Fam	2Sto
14	13	20	RL	NA	12968	Pave	NA	IR2	Lvl	AllPub	Inside	Gtl	Sawyer	Norm	Norm	1Fam	1Sto
15	14	20	RL	91	10652	Pave	NA	IR1	Lvl	AllPub	Inside	Gtl	CollgCr	Norm	Norm	1Fam	1Sto
16	15	20	RL	NA	10920	Pave	NA	IR1	Lvl	AllPub	Corner	Gtl	NAmes	Norm	Norm	1Fam	1Sto
17	16	45	RM	51	6120	Pave	NA	Reg	Lvl	AllPub	Corner	Gtl	BrkSide	Norm	Norm	1Fam	1.5U
18	17	20	RL	NA	11241	Pave	NA	IR1	Lvl	AllPub	CulDSac	Gtl	NAmes	Norm	Norm	1Fam	1Sto
19	18	90	RL	72	10791	Pave	NA	Reg	Lvl	AllPub	Inside	Gtl	Sawyer	Norm	Norm	Duplex	1Sto
20	19	20	RL	66	13695	Pave	NA	Reg	Lvl	AllPub	Inside	Gtl	SawyerW	RRAe	Norm	1Fam	1Sto
21	20	20	RL	70	7560	Pave	NA	Reg	Lvl	AllPub	Inside	Gtl	NAmes	Norm	Norm	1Fam	1Sto
22	21	60	RL	101	14215	Pave	NA	IR1	Lvl	AllPub	Corner	Gtl	NridgHt	Norm	Norm	1Fam	2Sto

train

图 8-1　房价数据集

在该 CSV 文件中，可以看到共有接近 100 行的数据，每一行数据代表一套房屋的房价数据，第一行是与房屋相关的不同字段变量，如房屋 id、房屋面积、所属街道、周边环境、销售价格等。其中最后一个字段 SalePrice（销售价格）是需要重点关注研究的对象。如果最终的目的是对房价进行预测，该字段则是预测对象，其他字段均为附属特征，作为多维的影响因素或是协变量来帮助后续模型更好地判断未来价格的走势。如果只进行数据可视化操作，则依然要围绕销售价格分析不同字段之间的关联程度，最终以价格为指标来绘制条形图、热力图等可视化图像。

3. 准备工作

在正式开始之前，需要先导入本案例所需的 Python 第三方库，本章的所有工作都在 Jupyter Notebook 上完成，示例代码如下：

```
import warnings
# 过滤一些不影响代码运行的警告信息
warnings.filterwarnings('ignore')
from scipy import stats
import numpy as np
import pandas as pd
import seaborn as sns
import matplotlib.pyplot as plt
# 该语句用于内嵌图像，并可省略 plt.show() 函数，但在 Jupyter 中可有可无
%matplotlib inline
```

8.2　数据描述与探索

在进行数据预处理之前，如果遇到比较复杂的数据集，则需要先进行数据探索，以熟悉并把握数据集的一些基本信息和特点，步骤如下。

1. 读取数据

读取数据的示例代码如下：

```
# 读取全部数据 train_data
train_data = pd.read_csv('D:/Anaconda3/jupyter_work/house-      \
prices/train.csv' ,encoding='utf-8') 
train_data
```

读取后的房价数据集如图 8-2 所示，可以看到数据字段非常多，并且有大量空值。此外，Id 列和索引重复，均按顺序记录了行数，后面可以根据需求选择删除。同时，左下角展示了整个数据集共有 1460 条数据，每条数据有 81 个字段。

	Id	MSSubClass	MSZoning	LotFrontage	LotArea	Street	Alley	LotShape	LandContour
0	1	60	RL	65.0	8450	Pave	NaN	Reg	Lvl
1	2	20	RL	80.0	9600	Pave	NaN	Reg	Lvl
2	3	60	RL	68.0	11250	Pave	NaN	IR1	Lvl
3	4	70	RL	60.0	9550	Pave	NaN	IR1	Lvl
4	5	60	RL	84.0	14260	Pave	NaN	IR1	Lvl
...	...	...	...	...	...	...	...	...	...
1455	1456	60	RL	62.0	7917	Pave	NaN	Reg	Lvl
1456	1457	20	RL	85.0	13175	Pave	NaN	Reg	Lvl
1457	1458	70	RL	66.0	9042	Pave	NaN	Reg	Lvl
1458	1459	20	RL	68.0	9717	Pave	NaN	Reg	Lvl
1459	1460	20	RL	75.0	9937	Pave	NaN	Reg	Lvl

图 8-2　读取后的房价数据集

2. 查看列名

由于字段太多，为了更加清晰地观察所有字段，可以将列名单独列出，结果如图 8-3 所示，示例代码如下：

```
# 显示所有列名
train_data.columns
```

在如此多的字段中如何提取出重要的信息呢？既然研究的是销售价格的规律，那么必然要寻找这些字段中哪些和销售价格联系得最紧密，这也是之后预处理工作需要完成的目标。

```
Index(['Id', 'MSSubClass', 'MSZoning', 'LotFrontage', 'LotArea', 'Street',
       'Alley', 'LotShape', 'LandContour', 'Utilities', 'LotConfig',
       'LandSlope', 'Neighborhood', 'Condition1', 'Condition2', 'BldgType',
       'HouseStyle', 'OverallQual', 'OverallCond', 'YearBuilt', 'YearRemodAdd',
       'RoofStyle', 'RoofMatl', 'Exterior1st', 'Exterior2nd', 'MasVnrType',
       'MasVnrArea', 'ExterQual', 'ExterCond', 'Foundation', 'BsmtQual',
       'BsmtCond', 'BsmtExposure', 'BsmtFinType1', 'BsmtFinSF1',
       'BsmtFinType2', 'BsmtFinSF2', 'BsmtUnfSF', 'TotalBsmtSF', 'Heating',
       'HeatingQC', 'CentralAir', 'Electrical', '1stFlrSF', '2ndFlrSF',
       'LowQualFinSF', 'GrLivArea', 'BsmtFullBath', 'BsmtHalfBath', 'FullBath',
       'HalfBath', 'BedroomAbvGr', 'KitchenAbvGr', 'KitchenQual',
       'TotRmsAbvGrd', 'Functional', 'Fireplaces', 'FireplaceQu', 'GarageType',
       'GarageYrBlt', 'GarageFinish', 'GarageCars', 'GarageArea', 'GarageQual',
       'GarageCond', 'PavedDrive', 'WoodDeckSF', 'OpenPorchSF',
       'EnclosedPorch', '3SsnPorch', 'ScreenPorch', 'PoolArea', 'PoolQC',
       'Fence', 'MiscFeature', 'MiscVal', 'MoSold', 'YrSold', 'SaleType',
       'SaleCondition', 'SalePrice'],
      dtype='object')
```

图 8-3　将列名单独列出后的结果

3. 查看缺失值

在第一步中已经初步发现数据集中存在很多缺失值，还需要找出具体是哪些字段有数据缺失，方便后续预处理工作的顺利进行，示例代码如下：

```
# 统计所有有缺失值的字段
is_null = train_data.isnull().sum()
is_null[is_null != 0]
```

有缺失值的字段如图 8-4 所示。

4. 查看信息

使用 info() 函数和 describe() 函数可以查看 DataFrame 对象中的整体描述信息和数学统计信息。对整体数据应用 info() 函数可以看到不同字段的数据和类型已经对应，不用再进行数据类型的转换，其部分结果如图 8-5 所示。对 SalePrice 字段应用 describe() 函数可以看到所有房屋销售价格的数学统计结果，如图 8-6 所示。示例代码如下：

```
# 查看信息
print(train_data['SalePrice'].describe())
print(train_data.info())
```

```
LotFrontage     259
Alley          1369
MasVnrType        8
MasVnrArea        8
BsmtQual         37
BsmtCond         37
BsmtExposure     38
BsmtFinType1     37
BsmtFinType2     38
Electrical        1
FiroplaceQu     690
GarageType       81
GarageVrBlt      81
GarageFinish     81
GarageQual       81
GarageCond       81
PoolQC         1453
Fence          1179
MiscFeature    1406
dtype:int64
```

图 8-4 有缺失值的字段

```
<class'pandas.core.frame.DataFrame>
RangeIndex:1460 entries,0 to 1459
Data columns(total 81 columns):
#    column      Non-Null Count Dtype
---  ------      -------------- -----
0    Id          1460 non-null  int64
1    MSSubClass  1460 non-null  int64
2    MSZoning    1460 non-null  object
3    LotFrontage 1201 non-null  float64
4    LotArea     1460 non-null  int64
5    Street      1460 non-null  object
6    Alley       91 non-null    object
7    LotShape    1460 non-null  object
8    LandContour 1460 non-null  object
9    Utilities   1460 non-null  object
10   LotConfig   1460 non-null  object
11   LandSlope   1460 non-null  object
12   Neighborhood 1460 non-null object
13   Condition1  1460 non-null  object
14   Condition2  1460 non-null  object
15   BldgType    1460 non-null  object
16   HouseStyle  1460 non-null  object
17   OverallQual 1460 non-null  int64
18   OverallCond 1460 non-null  int64
19   YearBuilt   1460 non-null  int64
20   YearRemodAdd 1460 non-null int64
21   RoofStyle   1460 non-null  object
```

图 8-5 使用 info() 函数统计信息的部分结果

```
count      1460.000000
mean     180921.195890
std       79442.502883
min       34900.000000
25%      129975.000000
50%      163000.000000
75%      214000.000000
max      755000.000000
Name: SalePrice, dtype: float64
```

图 8-6 使用 describe() 函数查看统计信息

正态分布的绘图
与判断

5. 查看价格是否符合正态分布

在机器学习中，许多模型对正态分布的数据的训练效果更好，学习速度更快，并且正态分布的数据的泛化性更高，因为自然界很多事物的概率密度大多是正态分布的。此外，从目标分布来说，非正态分布会导致标签数据因损失值而出现误差，或许数据看起来很小，但实际误差会很大。尤其是在回归问题上，对正态分布的数据有着较高的要求。

检查目标变量是否满足正态分布一般使用 3 种常用的图：直方图、KDE 分布图、Q-Q 图。使用直方图和 KDE 分布图可以比较直观地看出数据样本本身的分布特征，推荐使用 Seaborn 库中的 distplot() 函数来绘制，它的主要功能是绘制单变量的直方图，且还可以在直方图的基础上加入 kdeplot() 和 rugplot() 的部分内容，它们是功能非常强大且实用的函数。Q-Q 图则推荐使用 Scipy 库中的 proplot() 函数来绘制。绘制的直方图与 Q-Q 图如图 8-7 所示，示例代码如下：

```
# 设置图像大小与清晰度
plt.figure(figsize=(10,6),dpi=150)
# 设置子图间的间距等条件
plt.subplots_adjust(left=None, bottom=None, right=None, top=None, wspace=0.1, hspace=0.4)
# 绘制第一个子图
plt.subplot(211)
plt.title('Price Distribution')
# 销售价格的数量分布曲线
sns.distplot(train_data['SalePrice'],hist=True,kde=True, rug=False)
# 绘制第二个子图
plt.subplot(212)
# 绘制Q-Q图
stats.probplot(train_data['SalePrice'], plot=plt)
plt.title("Price Distribution")
plt.show()
```

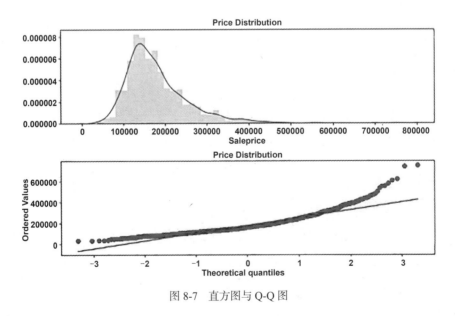

图 8-7　直方图与 Q-Q 图

从上面的图中可以看出，销售价格并没有严格呈正态分布，虽然图像的形式类似于正态分布，但是图像右边的数据有很大偏度，这种情况称为偏态分布。

偏态分布是指频数分布不对称，集中的位置偏向一侧。若集中的位置偏向数值小的一侧，则称为正（右）偏态分布；若集中的位置偏向数值大的一侧，则称为负（左）偏态分布。相对正态分布而言，偏态分布有两个特点：左右不对称（即所谓偏态）；当样本增大时，其均数趋向正态分布。

基于以上特点，在后续的预处理工作中需要将目标数据调整至正态分布。

8.3　数据预处理

在前一节中大致明确了本章使用的数据集的特点和后续必要的一些工作，接下来便可以开始进行数据预处理工作了。

8.3.1　属性归约

属性归约

由于数据集中属性字段的数量过于庞大，杂乱的属性特别多，因此有必要先进行合理的数据属性归约，提取出关联度高、有明显线性关系的属性特征来进行后续的数据预处理。

那么，在如此多的属性字段中如何找寻与销售价格关联度高、对销售价格有重要影响的属性呢？我们可以使用关联矩阵来判断不同属性间的关联度，而关联矩阵可以使用热度图（Heatmap）来表达各个特征之间的关联度。

绘制热度图一般使用 Seaborn 库中的 heatmap()函数，而绘图依据是数据相关性分析中常用的 corr()函数，该函数计算了不同变量之间的相关性，取值范围为[-1,1]。取值接近-1，表示负相关，类似反比例函数；取值接近 1，表示正相关。函数默认使用皮尔逊（Pearson）标准相关系数来进行相关系数的计算。此外，由于特征字段过多，因此绘图前应进行筛选，只展示前 10 个相关度高的特征字段。使用 nlargest()函数可以指定以某列为基准，以降序的方式返回前 n 个最大值的列，常利用其来显示和 SalePrice 高度相关的 10 个特征字段共同构成的关系矩阵，绘制的关系矩阵如图 8-8 所示，示例代码如下：

```
# 关系矩阵中将显示 10 个特征字段
k = 10
plt.figure(figsize=(7,7),dpi=100)
# 计算相关系数
corrmat = train_data.corr()
#显示和 SalePrice 相近的 10 个关系变量的矩阵，nlargest()是输出最大相关排序，排完了之后选取
SalePrice 列的索引
cols = corrmat.nlargest(k, 'SalePrice')['SalePrice'].index
# 根据排好序的 cols 来生成 Pearson 相关系数矩阵
cm = np.corrcoef(train_data[cols].values.T)
sns.set(font_scale=1.25)
# 绘制热力图
hm = sns.heatmap(cm, cbar=True, annot=True, square=True, fmt='.2f', annot_kws={'size':
10}, yticklabels=cols.values, xticklabels=cols.values)
plt.show()
```

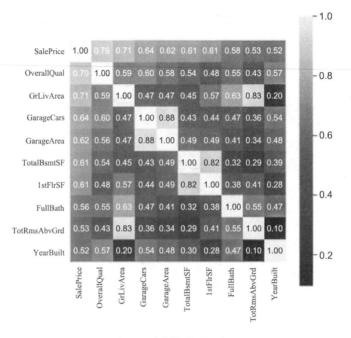

图 8-8　绘制的关系矩阵

通过上面的操作获得了 10 个与销售价格 SalePrice 最相关的特征字段，将这 10 个特征字段与 SalePrice 的相关性以水平条形图的方式绘制出，在 DataFrame 对象的 plot()函数中设置 kind 参数为 barh 可以调整绘制的水平条形图，绘制的条形图如图 8-9 所示，示例代码如下：

```
plt.figure(figsize=(12,6),dpi=150)
# 计算相关系数后进行排序，在排好序的结果基础上绘图
train_data.corr()['SalePrice'][cols].sort_values(ascending=False).plot(
    kind='barh',figsize=(12,6),title='Variable Correlation with SalePrice'
)
```

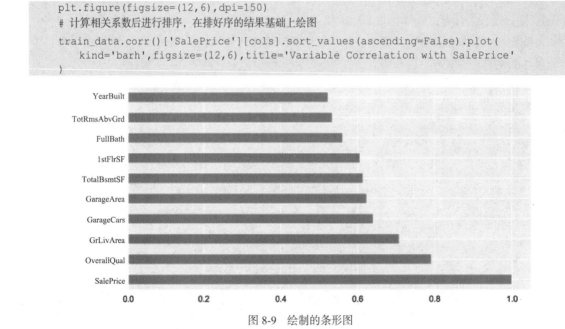

图 8-9　绘制的条形图

为了进一步缩小特征字段的范围，通过观察图 8-9，决定保留相关性在 0.6 以上的属性。最终选取的特征字段为：SalePrice（销售价格）、OverallQual（房屋整体材料和质量）、GrLivArea（可居住面积）、GarageCars（车库可容纳车辆）、GarageArea（车库面积）、TotalBsmtSF（全部地下室

面积）、1stFlrSF（一楼面积大小）。属性归约结果如图 8-10 所示，示例代码如下：

```
# 选取前 7 个与销售价格相关性最高的字段（包括 SalePrice）
feature_data = train_data[cols[:7]]
feature_data
```

	SalePrice	OverallQual	GrLivArea	GarageCars	GarageArea	TotalBsmtSF	1stFlrSF
0	208500	7	1710	2	548	856	856
1	181500	6	1262	2	460	1262	1262
2	223500	7	1786	2	608	920	920
3	140000	7	1717	3	642	756	961
4	250000	8	2198	3	836	1145	1145
...	...	...	...	...	...	...	...
1455	175000	6	1647	2	460	953	953
1456	210000	6	2073	2	500	1542	2073
1457	266500	7	2340	1	252	1152	1188
1458	142125	5	1078	1	240	1078	1078
1459	147500	5	1256	1	276	1256	1256

1460 rows × 7 columns

图 8-10　属性归约结果

8.3.2　缺失值处理

在本章中不对重复值进行处理，因为不同于客户信息的数据，房屋信息的数据允许有重复值出现。

下面对缺失值进行处理。我们使用代码检查 8.3.1 小节中提取出的特征列，发现没有数据缺失，这从某种层面上也证明了选取特征字段的重要性（往往选取越不重要的特征字段会出现越多的缺失值）。示例代码如下：

```
# 统计 train_data 中的缺失值
train_data[cols].isnull().sum()
```

下面对其他有代表性的列进行缺失值填充。通过代码观察数据集中的数据缺失情况，如图 8-11 所示，示例代码如下：

```
# 统计所有列的缺失值并排序
total = train_data.isnull().sum().sort_values(ascending=False)
# 计算缺失比例
percent = (train_data.isnull().sum()/train_data.isnull().count())\.sort_values(ascending=False)
missing_data = pd.concat([total, percent], axis=1, keys=['Total', 'Percent'])
missing_data.head(15)
```

	Total	Percent
PoolQC	1453	0.995205
MiscFeature	1406	0.963014
Alley	1369	0.937671
Fence	1179	0.807534
FireplaceQu	690	0.472603
LotFrontage	259	0.177397
GarageCond	81	0.055479
GarageType	81	0.055479
GarageYrBit	81	0.055479
GarageFinish	81	0.055479
GarageQual	81	0.055479
BsmtExposure	38	0.026027
BsmtFinType2	38	0.026027
BsmtFinType1	37	0.025342
BsmtCond	37	0.025342

图 8-11　部分数据缺失情况

从上面的数据中可以看到，前 5 行展示的属性列中缺失值都达到了 16% 以上，因此这 5 列字段完全可以作为无效数据删除。针对其他缺失数据的列，可以分 3 种情况进行填充：中位数填充、众数填充、None 值填充。

以 LotFrontage（到街道的距离）为例，使用中位数填充而不用均值填充，是因为存在某些比较大或比较小的特殊值，可能会使均值无法更好地反映普遍的情况，所以这里选用中位数填充。

以 GarageType（车库类型）和 MasVnrArea（砌体面积）为例，这两个字段在实际情境中确实可能没有内容或者难以统计，所以在不改变原数据的原则下可以根据实际情况用 None 或 0 值来填充。

以 Electrical（电力系统）和 KitchenQual（厨房品质）为例，这两个字段代表的内容在实际情景中都是不可或缺且方便统计的。和前面的 LotFrontage 不同的是，这两个字段的内容都是离散的，分布并非具有连续性，所以不能使用中位数或者均值来填充，而应该使用众数来填充。

以上情况的填充代码如下：

```
# 到街道的距离
train_data['LotFrontage'] = train_data.groupby('Neighborhood')
['LotFrontage'].transform(lambda x: x.fillna(x.median()))         \
# 车库类型和砌体面积
train_data['GarageType'] = train_data['GarageType'].fillna('None')
train_data['MasVnrArea'] = train_data['MasVnrArea'].fillna(0)
# 电力系统和厨房品质
train_data['Electrical'] =        \
train_data['Electrical'].fillna(train_data['Electrical'].mode()[0])
train_data['KitchenQual'] =        \
train_data['KitchenQual'].fillna(train_data['KitchenQual'].mode()[0])
```

8.3.3　异常值处理

对异常值的处理，可以使用直方图和散点图来结合观察。

先绘制所选的特征列的直方图，结果如图 8-12 所示，示例代码如下：

```
# 选取除 SalePrice 以外的所有列来绘制直方图
feature_data.iloc[:,1:].hist(figsize=(20,15),bins=50,grid=False,color='red')
plt.show()
```

从图中可以看到，与销售价格相关的 6 个特征字段中，除了离散型分布的数据外，连续型分布的数据中都存在小部分的离群点，这些离群点由于过于偏离，因此可以被视作异常值删除。

具体应不应该删除或是要如何删除这些离群点，还需要绘制散点图，以此来更加仔细地观察数据特点。散点图的绘制结果如图 8-13 所示，示例代码如下：

```
plt.figure(figsize=(14,10),dpi=200)
plt.subplots_adjust(left=None, bottom=None, right=None, top=None, wspace=0.3,
hspace=0.3)
# 绘制第一个散点子图
plt.subplot(221)
plt.scatter(x=train_data['GrLivArea'],         \
y=train_data['SalePrice'],color='red',edgecolor='black')
plt.title('GrLivArea',fontsize=15)
```

```
# 绘制第二个散点子图
plt.subplot(222)
plt.scatter(x=train_data['1stFlrSF'],     \
y=train_data['SalePrice'],color='green',edgecolor='black')
plt.title('1stFlrSF',fontsize=15)
# 绘制第三个散点子图
plt.subplot(223)
plt.scatter(x=train_data['GarageArea'],     \
y=train_data['SalePrice'],color='yellow',edgecolor='black')
plt.title('GarageArea',fontsize=15)
# 绘制第四个散点子图
plt.subplot(224)
plt.scatter(x=train_data['TotalBsmtSF'],     \
y=train_data['SalePrice'],color='blue',edgecolor='black')
plt.title('TotalBsmtSF',fontsize=15)
plt.show()
```

通过观察散点图,可以看到 GrLivArea 与 1stFlrSF 的散点图在大于 4000 处都有明显的离群点,可以将其删除。GarageArea 和 TotalBsmtSF 的散点图分别在大于 1200 和大于 4000 处有离群点,可以将其删除。删除离群点后的散点图如图 8-14 所示。

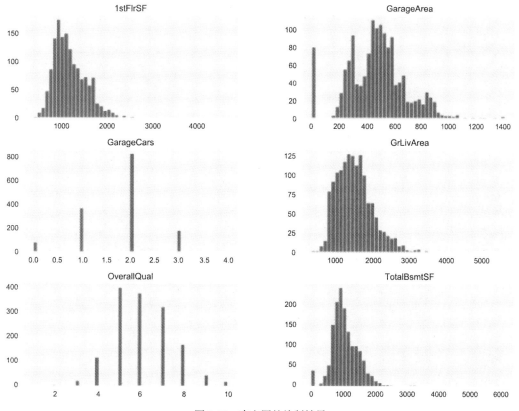

图 8-12　直方图的绘制结果

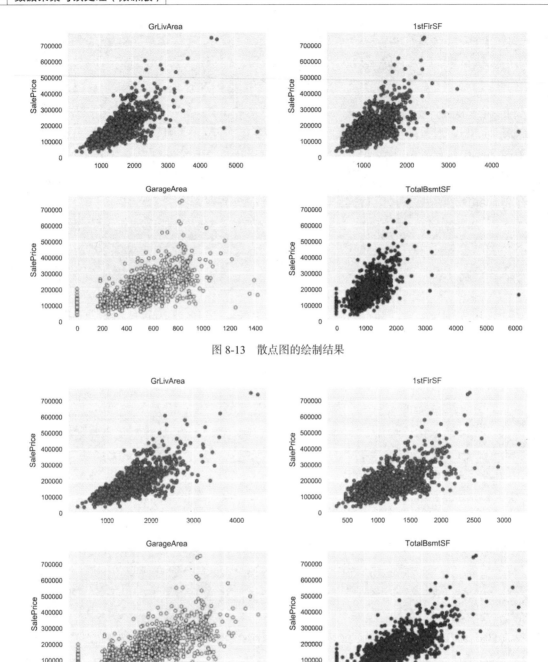

图 8-13　散点图的绘制结果

图 8-14　删除离群点后的散点图

8.3.4　数据变换

在 8.2 节中已经讲过，目标数据并不服从正态分布，而是服从一种有偏度的偏态分布。

为了解决这一问题，可以将 SalePrice 数据映射为正态分布，需要利用数据转换的方法来调整数据，对目标数据进行纠偏。广义上说，如果我们有一个样本量为 n 的样本 y_i $(i=1,2,\cdots,n)$，数据变换就是选择某个函数 $f(x)$，将其作用在样本上，得到新的样本 $f(y_i)$ 的过程。在本小节中，变换函数的任务就是把样本分布中偏出来的"尾巴"给缩回去。

在 Pandas 库中，用 skew() 方法来表示偏态，大于 0 表示右偏，小于 0 表示左偏。用 kurtosis() 方法来表示峰度，kurtosis>0 为尖峰态（Leptokurtic），数据比较分散，极端数值较多；kurtosis<0 为低峰态（Platykurtic），数据比较集中，两侧的数据比较少。下面计算了偏度和峰度，偏度 Skewness 为 1.882876，峰度 Kurtosis 为 6.536282。由此可见目标数据右偏，并且为尖峰态。示例代码如下：

```
# 计算偏度和峰度
print("Skewness: %f" % train_data['SalePrice'].skew())
print("Kurtosis: %f" % train_data['SalePrice'].kurt())
```

出现数据右偏的情况时可以对所有数据取对数、取平方根等，这样变换后导数逐渐减小，也就是它的增速逐渐减慢，即可以把大的数据向左移，使数据接近正态分布。如果数据左偏，则可以取相反数转化为右偏的情况。

通常来说，可以尝试下列几种方法。

（1）如果数据重度偏态，则使用对数变换。

① 对数变换，即将原始数据 x 的对数值作为新的分布数据，示例代码如下：

```
x = np.log(x)
```

② 当原始数据中有小值和 0 时，实例代码如下：

```
x = np.log1p(x)
```

（2）如果数据轻度偏态，则使用平方根变换。

平方根变换，即将原始数据 x 的平方根作为新的分布数据，示例代码如下：

```
x = np.sqrt(x)
```

（3）如果数据的两端波动较大，则使用倒数变换。

倒数变换，即将原始数据 x 的倒数作为新的分布数据，示例代码如下：

```
x = 1 / x
```

在本小节中对目标数据采用对数变换，使用 np.log1p() 函数来进行变换，用变换后的目标数据再次绘制直方图和 Q-Q 图，结果如图 8-15 所示，可以看到数据基本上满足正态分布。

图 8-15　数据变换结果

此外，还可以使用 Box-Cox 变换来自动地进行数据变换。

Box-Cox 变换是博克斯（Box）和考克斯（Cox）在 1964 年提出的一种广义幂变换方法，是统计建模中常用的一种数据变换方法，用于连续的响应变量不满足正态分布的情况。使用 Box-Cox 变换之后，可以在一定程度上减小不可观测的误差和预测变量的相关性。Box-Cox 变换的主要特点是引入一个参数，通过数据本身估计该参数，进而确定应采取的数据变换形式。采用 Box-Cox 变换可以明显地改善数据的正态性、对称性和方差相等性，对许多实际数据都是有效的。

进行 Box-Cox 变换的目的有两个：一个是变换后，可以在一定程度上减小不可观测的误差和降低预测变量的相关度，主要操作是对因变量进行变换，使得变换后的因变量与回归自变量线性相关，误差也服从正态分布，误差的各分量等方差且相互独立；第二个是用这个变换来使因变量获得一些性质，例如在时间序列分析中的平稳性，或者使因变量服从正态分布。

在 Python 中，我们可以使用 Scipy 库中 special 模块的 boxcox()函数来进行 Box-Cox 变换，或者使用 stats 模块中的 boxcox()函数来进行变换。二者的区别在于前者需要人为指定 Box-Cox 变换中的 lambda 值，而后者包含了 Box-Cox 变换中的 lambda 计算，不需要给函数 boxcox()输入参数 lambda，boxcox()函数的返回值中就有 lambda 值。这里采用后者来变换，示例代码如下：

```
y, lambda0 = boxcox(x, lambda=None, alpha=None)
```

使用以上代码进行 Box-Cox 变换的结果如图 8-16 所示。

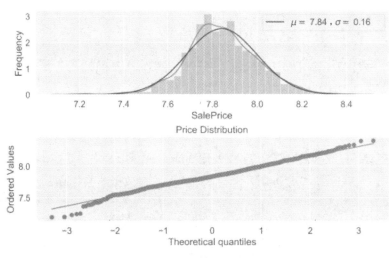

图 8-16　Box-Cox 变换结果

使用 stats.boxcox()函数来对数据进行变换，返回变换后的目标数据和 λ 值，λ 值为 -0.07692391328663316，示例代码如下：

```
#进行 Box-Cox 变换
train_data.SalePrice,lambda_ = stats.boxcox(train_data.SalePrice)
print(lambda_)
```

使用变换后的数据绘制出直方图和 Q-Q 图，并且计算出 Skewness 和 Kurtosis，示例代码如下：

```
#再次观察 SalePrice
plt.figure(figsize=(10,6),dpi=150)
plt.subplots_adjust(left=None, bottom=None, right=None, top=None, wspace=0.1,
hspace=0.5)
# 第一个子图
# 直方图
plt.subplot(2,1,1)
sns.distplot(train['SalePrice'],fit=stats.norm)
(mu,sigma)=stats.norm.fit(train['SalePrice'])
plt.legend(
['$\mu=$ {:.2f} and $\sigma=$ {:.2f}'.format(mu,sigma)],loc='best')
plt.ylabel('Frequency')
# 第二个子图
# Q-Q 图
plt.subplot(2,1,2)
res=stats.probplot(train['SalePrice'],plot=plt)
plt.title("Price Distribution")
plt.show()
# 计算偏度和峰度
print(f"Skewness of saleprice: {train['SalePrice'].skew()}")
print(f"Kurtosis of saleprice: {train['SalePrice'].kurt()}")
```

从结果中可以看到，在横坐标值为 3 的区域附近，使用 Box-Cox 变换的效果比自己选择变换函数手动变换的效果要更好。

至此，本章的数据预处理内容全部结束，处理好后的特征数据可以直接用于后续的机器学习模型训练分析。

8.3.5　保存数据

将预处理好的 DataFrame 对象 train 中的 6 个与销售价格相关性高的变量赋值给 feature，这个 feature 用于保存以备使用的特征数据，我们将其保存为 feature.csv。而 train 中的 SalePrice 这个字段的数据则需要作为标签（Labels），也就是训练的目标数据（Target）单独保存为一个文件 labels.csv。

这些数据在后续的工作中可以作为各种模型的训练数据。在对新的房屋进行房价预测时，我们可以将预处理好的特征数据应用到 K-Means、SVM、决策树等聚类分类算法上，也可以使用神经网络来直接处理这些特征数据，最后对价格做出一个分类预测。

保存数据的结果如图 8-17 和图 8-18 所示。

从图 8-18 中可以看出，目标数据中的 labels 值是经过 Box-Cox 变换了的，已经失去了原来的数值特点，所以将预处理后的数据投入模型中进行训练后，针对变换处理后的标签，还需要对测试集的预测值进行反 Box-Cox 变换，这样才能得到真实的预测值。反变换的示例代码如下：

```
# 进行反 Box-Cox 变换
from scipy.special import inv_boxcox
y = inv_boxcox(x, lambda)
```

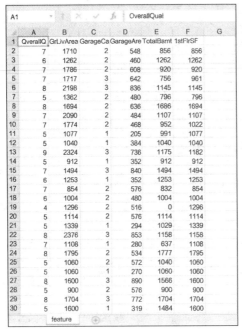
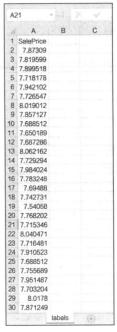

图 8-17　特征数据保存结果　　　　图 8-18　目标数据保存结果

习　　题

（1）为什么要求数据尽量满足正态分布？

（2）如何在大量的属性字段之间选取想要的特征字段？

（3）如何绘制与属性字段相关的热力图？

（4）如何根据实际情况填充缺失值？

（5）如何对非正态分布数据进行纠偏，有哪些方法，应该怎样使用？

参考文献

[1] 周志华. 机器学习[M]. 北京：清华大学出版社，2016.

[2] LUTZ，M. Python 编程[M]. 北京：中国电力出版社，2014.

[3] 王雄. 云计算的历史和优势[J]. 计算机与网络，2019，45(02)：44.

[4] 谷少鹏，李燕. 网络大数据现状与展望[J]. 山东工业技术，2016(16)：136. DOI：10. 16640/ j. cnki. 37- 1222/t. 2016. 16. 127.

[5] 武茂升. 网络大数据的现状及发展趋势研究[J]. 信息系统工程，2018(04)：22.

[6] 嵩天，礼欣，黄天羽. Python 语言程序设计基础[M]. 2 版. 北京：高等教育出版社，2017.

[7] 王曰芬，章成志，张蓓蓓，等. 数据清洗研究综述[J]. 现代图书情报技术，2007(12)：50-56.

[8] WES MCKINNEY. 利用 Python 进行数据分析[M]. 徐敬一，译. 北京：机械工业出版社，2018.

[9] JACQUELINE KAZIL，KATHARINE JARMUL. Python 数据处理[M]. 张亮，吕家明，译. 北京：人民邮电出版社，2017.

[10] MEGAN SQUIRE. 干净的数据：数据清洗入门与实践[M]. 任政委，译. 北京：人民邮电出版社，2016.

[11] 张若愚. Python 科学计算[M]. 2 版. 北京：清华大学出版社，2016.

[12] 崔庆才. Python3 网络爬虫开发实战[M]. 北京：人民邮电出版社，2018.

[13] 刘大成. Python 数据可视化之 Matplotlib 实践[M]. 北京：电子工业出版社，2018.

[14] 张杰. Python 数据可视化之美：专业图表绘制指南[M]. 北京：电子工业出版社，2020.

[15] 黄源，蒋文豪，徐受荣. 大数据分析：Python 爬虫、数据清洗和数据可视化[M]. 北京：清华大学出版社，2019.

[16] RYAN MITCHELL. Python 网络爬虫权威指南[M]. 北京：人民邮电出版社，2019.

[17] 孙婷婷，丁硕权. 房价数据抓取与分析系统设计与实现[J]. 电脑知识与技术，2020，16(15)：24-27.

[18] 李培. 基于 Python 的网络爬虫与反爬虫技术研究[J]. 计算机与数字工程，2019，47(06)：1415-1420+1496.

[19] 卞伟玮，王永超，崔立真，等. 基于网络爬虫技术的健康医疗大数据采集整理系统[J]. 山东大学学报(医学版)，2017，55(06)：47-55.

[20] 郭丽蓉. 基于 Python 的网络爬虫程序设计[J]. 电子技术与软件工程，2017(23)：248-249.

[21] 安子建. 基于 Scrapy 框架的网络爬虫实现与数据抓取分析[D]. 长春：吉林大学，2017.

[22] 方洪鹰. 数据挖掘中数据预处理的方法研究[D]. 重庆：西南大学，2009.

[23] 菅志刚，金旭. 数据挖掘中数据预处理的研究与实现[J]. 计算机应用研究，2004(07)：117-118+157.